职业教育"十三五"
数字媒体应用人才培养规划教材

Flash

CS6

动画制作与应用

第 5 版
微课版

周建国 常丽媛 ◎ 主编　　周方 卜晓璇 张笑 ◎ 副主编

人民邮电出版社

北　京

图书在版编目（CIP）数据

Flash CS6动画制作与应用 : 微课版 / 周建国, 常
丽媛主编. -- 5版. -- 北京 : 人民邮电出版社, 2020.6（2022.12重印）
职业教育"十三五"数字媒体应用人才培养规划教材
ISBN 978-7-115-53407-1

Ⅰ. ①F… Ⅱ. ①周… ②常… Ⅲ. ①动画制作软件—
职业教育—教材 Ⅳ. ①TP391.414

中国版本图书馆CIP数据核字(2020)第018691号

内 容 提 要

Flash CS6 是一款功能强大的交互式动画制作软件。本书将对 Flash CS6 的基本操作方法、绘图和编辑工具的使用、各种类型动画的设计方法以及动作脚本在复杂动画和交互动画设计中的应用进行详细的介绍。

全书分为上下两篇。上篇主要包括 Flash CS6 基础知识、绘制与编辑图形、对象的编辑和操作、编辑文本、外部素材的使用、元件和库、制作基本动画、层与高级动画、声音素材的导入和编辑、动作脚本应用基础、制作交互式动画与组件等内容；下篇精心安排了标志设计、贺卡设计、电子相册设计、广告设计、网页设计、节目包装及游戏设计等几个应用领域的 18 个精彩案例，并对这些案例进行了全面的分析和讲解。

本书适合作为职业院校数字媒体艺术类专业"Flash"课程的教材，也可供相关从业人员自学参考。

◆ 主　　编　周建国　常丽媛
　　副主编　周　方　卜晓璇　张　笑
　　责任编辑　桑　珊
　　责任印制　王　郁　马振武
◆ 人民邮电出版社出版发行　北京市丰台区成寿寺路 11 号
　　邮编　100164　电子邮件　315@ptpress.com.cn
　　网址　https://www.ptpress.com.cn
　　固安县铭成印刷有限公司印刷
◆ 开本：787×1092　1/16
　　印张：19.5　　　　　　　　2020 年 6 月第 5 版
　　字数：495 千字　　　　　　2022 年 12 月河北第 6 次印刷

定价：59.80 元
读者服务热线：(010)81055256　印装质量热线：(010)81055316
反盗版热线：(010)81055315
广告经营许可证：京东市监广登字20170147号

Flash CS6 是由 Adobe 公司开发的网页动画制作软件。它功能强大，易学易用，深受网页制作爱好者和设计人员的喜爱，已经成为这一领域最流行的软件之一。目前，我国很多职业院校的数字媒体艺术类专业都将"Flash"作为一门重要的专业课程。为了帮助职业院校的教师全面、系统地讲授这门课程，使学生能够熟练地使用 Flash CS6 进行创意设计，我们几位长期在职业院校从事 Flash 教学的教师和在专业网页动画设计公司从业的经验丰富的设计师，共同编写了本书。

本书具有完整的知识结构体系。基础技能篇按照"软件功能解析 → 课堂案例 → 课堂练习 → 课后习题"这一思路进行编排。软件功能解析使学生快速熟悉软件功能和制作特点；课堂案例使学生深入学习软件功能和动画设计思路；课堂练习和课后习题则能拓展学生的实际应用能力。案例实训篇根据 Flash 在设计中的各个应用领域，精心安排了 18 个设计案例，通过对这些案例进行全面分析和详细讲解，使学生在学习过程中与实际工作更加贴近，艺术创意思维更加开阔，实际设计制作水平不断提升。在内容编写方面，我们力求细致全面、重点突出；在文字叙述方面，我们注意言简意赅、通俗易懂；在案例选取方面，我们强调案例的针对性和实用性。

为方便教师教学，本书配套了案例的素材及效果文件、详尽的课堂练习和课后习题的操作步骤视频，以及 PPT 课件、教学大纲等丰富的教学资源，任课教师可到人邮教育社区（www.ryjiaoyu.com）免费下载使用。本书的参考学时为 48 学时，其中实践环节为 21 学时，各章的参考学时参见下面的学时分配表。

第5版前言

章	课 程 内 容	学 时 分 配	
		讲授（学时）	实训（学时）
第 1 章	Flash CS6 基础知识	1	
第 2 章	绘制与编辑图形	1	1
第 3 章	对象的编辑和操作	1	1
第 4 章	编辑文本	1	1
第 5 章	外部素材的使用	2	1
第 6 章	元件和库	1	1
第 7 章	制作基本动画	2	1
第 8 章	层与高级动画	1	1
第 9 章	声音素材的导入和编辑	1	1
第 10 章	动作脚本应用基础	1	1
第 11 章	制作交互式动画与组件	1	1
第 12 章	标志设计	1	1
第 13 章	贺卡设计	3	2
第 14 章	电子相册设计	3	2
第 15 章	广告设计	2	2
第 16 章	网页设计	2	2
第 17 章	节目包装及游戏设计	3	2
学 时 总 计		27	21

由于编者水平有限，书中难免存在不妥之处，敬请广大读者批评指正。

编 者

2020 年 4 月

教学辅助资源及配套教辅资料

素材类型	名称或数量	素材类型	名称或数量
教学大纲	1 套	课堂案例	32 个
电子教案	17 单元	课堂练习	16 个
PPT 课件	17 个	课后习题	16 个
第 2 章 绘制与编辑图形	绘制糕点图标	第 11 章 制作交互式动画与组件	制作音乐播放器
	绘制播放器图标		制作 VIP 登录界面
	绘制卡通按钮		制作汽车展示
	绘制迷你太空	第 12 章 标志设计	制作通信网络标志
第 3 章 对象的编辑和操作	绘制风景插画		制作童装网页标志
	绘制折扣吊签		制作叭哥影视标志
	绘制黄昏风景		制作音乐标志
	绘制度假卡		制作时尚网络标志
第 4 章 编辑文本	制作水果标牌	第 13 章 贺卡设计	制作春节贺卡
	制作促销贴		制作端午节贺卡
	制作马戏团标志		制作闹元宵贺卡
第 5 章 外部素材的使用	制作汉堡广告		制作生日贺卡
	制作旅游胜地精选		制作儿童节贺卡
	制作冰啤广告	第 14 章 电子相册设计	制作时尚个性相册
	制作餐饮广告		制作环球旅游相册
第 6 章 元件和库	制作动态菜单		制作美食相册
	制作家电销售广告		制作儿童电子相册
	制作海边城市		制作个人电子相册
第 7 章 制作基本动画	制作弹跳动画	第 15 章 广告设计	制作健身舞蹈广告
	制作倒影文字效果		制作豆浆机广告
	制作加载条动画		制作女装广告
	制作城市动画		制作滑雪网站广告
第 8 章 层与高级动画	制作飞舞的蒲公英		制作瑜伽中心广告
	制作化妆品主图	第 16 章 网页设计	制作数码产品网页
	制作电商广告		制作化妆品网页
第 9 章 声音素材的导入和编辑	制作儿童英语		制作房地产网页
	制作美食宣传单		制作美发网页
	制作图片按钮		制作购物网页
第 10 章 动作脚本应用基础	制作系统时钟	第 17 章 节目包装及游戏设计	制作体育节目包装
	制作漫天飞雪		制作卡通歌曲
	制作鼠标跟随效果		制作水晶球组合游戏
			制作时装节目包装动画
			制作射击游戏

目录

上篇 基础技能篇

CONTENTS

目 录

CONTENTS

下篇　案例实训篇

目 录

01

第1章
Flash CS6 基础知识

　　本章主要讲解 Flash CS6 的基础知识和基本操作。通过学习这些内容，读者可以认识和了解 Flash CS6 工作界面的构成，并掌握文件的基本操作方法和技巧，为以后的动画设计和制作打下坚实的基础。

课堂学习目标

✔ 了解 Flash CS6 的工作界面
✔ 掌握文件操作的方法和技巧

1.1 工作界面

Flash CS6 的工作界面由以下几部分组成：菜单栏、时间轴、主工具栏、工具箱、场景和舞台、浮动面板以及属性面板，如图 1-1 所示。

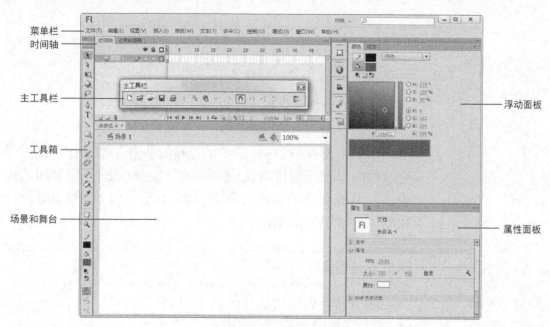

图1-1

1.2 文件操作

想在一个空白的文件中绘图，首先需要在 Flash CS6 中新建一个空白文件。如果要对已完成的动画进行修改或处理，就需要在 Flash CS6 中打开需要操作的动画文件。修改或处理完成后，可以将动画文件进行保存。下面将讲解如何新建、保存和打开动画文件。

1.2.1 新建文件

新建文件是使用 Flash CS6 进行设计的第一步。

选择"文件 > 新建"命令，弹出"新建文档"对话框，如图 1-2 所示。在对话框中，可以创建 Flash 文档，并设置 Flash 文档的类型和结构；或创建基于窗体的 Flash 应用程序，应用于 Internet；也可以创建用于控制影片的外部动作脚本文件等。选择完成后，单击"确定"按钮，即可完成新建文件的任务，如图 1-3 所示。

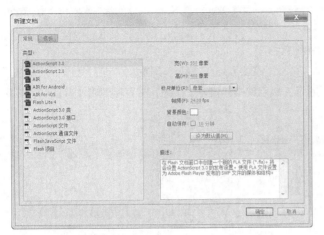

图 1-2

图 1-3

1.2.2 保存文件

编辑或制作完动画后，还需要将动画文件进行保存。

通过"文件 > 保存""文件 > 另存为"等命令可以将文件保存在磁盘上，如图 1-4 所示。设计好的作品第一次存储时，选择"文件 > 保存"命令，将弹出"另存为"对话框，如图 1-5 所示。在对话框中输入文件名，并选择保存类型，单击"保存"按钮，即可将动画保存。

图 1-4

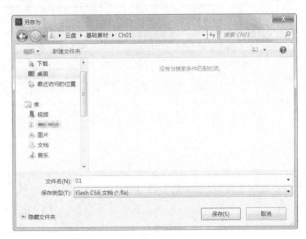

图 1-5

当对已经保存过的动画文件进行了各种编辑操作后，选择"文件 > 保存"命令，将不再弹出"另存为"对话框。计算机将直接保留最终确认的结果，并覆盖原始文件。因此，在未确定要放弃原始文件之前，应慎用此命令。

若既想保留修改过的文件，又不想放弃原文件，可以选择"文件 > 另存为"命令，弹出"另存为"对话框。在对话框中，可以为更改过的文件重新命名、选择路径并设定保存类型，然后进行保存。这样，原文件就可保留。

1.2.3　打开文件

如果要修改已完成的动画文件，必须先将其打开。

选择"文件 > 打开"命令，或按 Ctrl+O 组合键，弹出"打开"对话框。在对话框中搜索路径和文件，确认文件类型和名称，如图 1-6 所示。然后单击"打开"按钮，或直接双击文件图标，即可打开所指定的动画文件，如图 1-7 所示。

图 1-6　　　　　　　　　　　　　　　　　图 1-7

　　　　在"打开"对话框中，也可以同时打开多个文件。只要在文件列表中将所需的几个文件选中，并单击"打开"按钮，系统就将逐个打开这些文件，而不用多次反复调用"打开"对话框。在"打开"对话框中，按住 Ctrl 键，用鼠标单击可以选择多个不连续的文件；按住 Shift 键，用鼠标单击可以选择多个连续的文件。

02

第 2 章
绘制与编辑图形

本章主要讲解 Flash CS6 的绘图功能、图形的选择和编辑方法、图形色彩应用。通过学习这些内容，读者可以熟练运用绘制和编辑工具，以及图形色彩面板，设计制作出精美的图形和图形元素。

课堂学习目标

- 掌握绘制基本线条与图形的方法
- 掌握选择图形的方法和技巧
- 掌握编辑图形的方法和技巧
- 掌握图形色彩的应用方法

2.1 绘制基本线条与图形

使用 Flash CS6 创作的任何充满活力的作品都是由基本图形组成的。Flash CS6 提供了各种工具来绘制线条、图形或动画运动的路径等。

2.1.1 线条工具和铅笔工具

1. 线条工具

应用线条工具可以绘制不同颜色、宽度、线型的直线。启用"线条"工具 有以下两种方法。

→ 单击工具箱中的"线条"工具 。

→ 按 N 键。

提示　　使用"线条"工具 时，如果按住 Shift 键的同时拖曳鼠标进行绘制，则会限制线条在 45°或 45°的倍数方向绘制直线。另外要注意在 Flash 中无法为绘制的线条设置填充属性。

2. 铅笔工具

应用铅笔工具可以像使用实物铅笔一样在舞台中绘制出任意的线条和形状。启用"铅笔"工具 有以下两种方法。

→ 单击工具箱中的"铅笔"工具 。

→ 按 Y 键。

2.1.2 椭圆工具和矩形工具

1. 椭圆工具

应用"椭圆"工具 ，在舞台上单击鼠标，按住鼠标左键不放，向需要的位置拖曳鼠标，可以绘制出椭圆图形；如果按住 Shift 键的同时进行绘制，则可以绘制出圆形。启用"椭圆"工具 有以下两种方法。

→ 单击工具箱中的"椭圆"工具 。

→ 按 O 键。

2. 矩形工具

应用矩形工具可以绘制出不同样式的矩形。启用"矩形"工具 ，有以下两种方法。

→ 单击工具箱中的"矩形"工具 。

→ 按 R 键。

2.1.3 多角星形工具

应用多角星形工具可以绘制出不同样式的多边形和星形。启用"多角星形"工具 有以下两种方法。

→ 单击工具箱中的"矩形"工具 ，在工具下拉菜单中选择"多角星形"工具 。

➔ 按R键，选中“矩形”工具，在工具下拉菜单中选择“多角星形”工具。

2.1.4 刷子工具

应用刷子工具可以像现实生活中的刷子涂色一样在舞台中创建出刷子般的绘画效果，如书法效果就可以使用刷子工具实现。启用“刷子”工具有以下两种方法。

➔ 单击工具箱中的“刷子”工具。

➔ 按B键。

在工具箱的下方，系统设置了5种刷子的模式可供选择，如图2-1所示。

“标准绘画”模式：在同一层的线条和填充上以覆盖的方式涂色。

“颜料填充”模式：对填充区域和空白区域涂色，其他部分（如边框线）不受影响。

“后面绘画”模式：在舞台上同一层的空白区域涂色，但不影响原有的线条和填充。

“颜料选择”模式：在选定的区域内进行涂色，未被选中的区域不能够涂色。

“内部绘画”模式：在内部填充上绘图，但不影响线条。如果在空白区域中开始涂色，该填充不会影响任何现有填充区域。

应用不同模式绘制出的效果如图2-2所示。

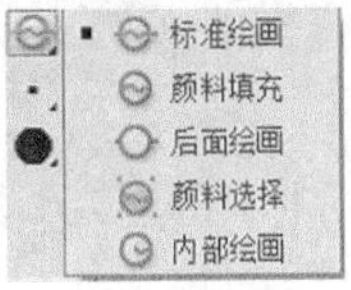

图2-1

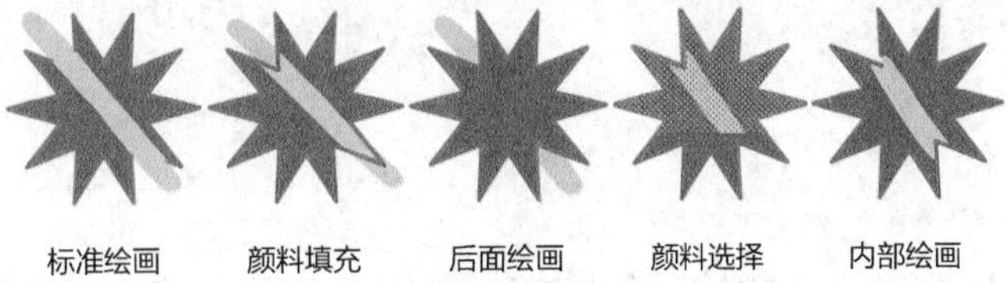

图2-2

2.1.5 钢笔工具

应用钢笔工具可以绘制精确的路径。如在创建直线或曲线的过程中，可以先绘制直线或曲线，再调整直线段的角度和长度或曲线段的斜率。启用“钢笔”工具有以下两种方法。

➔ 单击工具箱中的“钢笔”工具。

➔ 按P键。

2.2 选择图形

若要在舞台上修改图形对象，则需要先选中对象，再对其进行修改。Flash CS6提供了几种选中对象的方法。

2.2.1 选择工具

应用选择工具可以完成选择、移动、复制、调整矢量线条和色块的功能，是使用频率较高的一种工具。启用“选择”工具有以下两种方法。

➔ 单击工具箱中的“选择”工具。

➡ 按 V 键。

启用"选择"工具 ▶ 后，工具箱下方会出现图 2-3 所示的按钮，利用这些按钮可以完成以下工作。

图 2-3

"贴紧至对象"按钮 ⋂ ：自动将舞台上两个对象定位到一起，一般制作引导层动画时可利用此按钮将关键帧的对象锁定到引导路径上。此按钮还可以将对象定位到网格上。

"平滑"按钮 ⤳S ：可以柔化选中的曲线条。当选中对象时，此按钮变为可用。

"伸直"按钮 ⤳〈 ：可以锐化选中的曲线条。当选中对象时，此按钮变为可用。

1. 选中对象

启用"选择"工具 ▶ ，在舞台中的对象上单击鼠标左键进行点选，如图 2-4 所示。按住 Shift 键再点选对象，可以同时选中多个对象，如图 2-5 所示。

启用"选择"工具 ▶ ，在舞台中拖曳出一个矩形可以框选对象，如图 2-6 所示。

图 2-4 　　　　　　　　　 图 2-5 　　　　　　　　　 图 2-6

2. 移动和复制对象

启用"选择"工具 ▶ ，选中对象，如图 2-7 所示。按住鼠标左键不放，可直接拖曳对象到任意位置，如图 2-8 所示。

图 2-7 　　　　　　　　　　　　　　　　 图 2-8

启用"选择"工具 ▶ ，选中对象，按住 Alt 键，拖曳选中的对象到任意位置，选中的对象将被复制，如图 2-9 和图 2-10 所示。

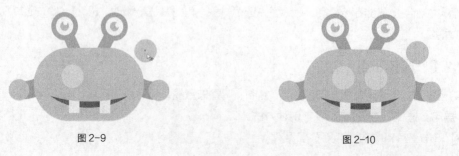

图 2-9 　　　　　　　　　　　　　　　　 图 2-10

3. 调整矢量线条和色块

启用"选择"工具 ，将鼠标指针移至对象，鼠标指针下方变为 ，如图 2-11 所示。按住鼠标左键拖曳，可对选中的线条和色块进行调整，如图 2-12 所示。

图 2-11

图 2-12

2.2.2 部分选取工具

启用"部分选取"工具 有以下两种方法。

➡ 单击工具箱中的"部分选取"工具 。

➡ 按 A 键。

启用"部分选取"工具 ，在对象的外边线上单击，对象上将出现多个节点，如图 2-13 所示。可拖曳节点来调整控制线的长度和斜率，从而改变对象的曲线形状，如图 2-14 所示。

图 2-13

图 2-14

若想增加图形上的节点，可选择"钢笔"工具 并在图形上单击来增加节点。

在改变对象的形状时，"部分选取"工具 的指针会产生变化，不同的变化其表示的含义也不同。

带黑色方块的指针 ：当鼠标指针放置在节点以外的线段上时，指针变为 ，如图 2-15 所示。这时，可以移动对象到其他位置，如图 2-16 和图 2-17 所示。

图 2-15

图 2-16

图 2-17

带白色方块的指针 $\textdollar_\square$：当鼠标指针放置在节点上时，指针变为 $\textdollar_\square$，如图 2-18 所示。这时，可以移动单个的节点到其他位置，如图 2-19 和图 2-20 所示。

图 2-18   图 2-19   图 2-20

变为小箭头的指针 ▶：当鼠标指针放置在节点调节手柄的尽头时，指针变为 ▶，如图 2-21 所示。这时，可以调节与该节点相连的线段的弯曲度，如图 2-22 和图 2-23 所示。

图 2-21   图 2-22   图 2-23

提示

在调整节点的手柄时，调整一个手柄，另一个相对的手柄也会随之发生变化。如果只想调整其中的一个手柄，按住 Alt 键再进行调整即可。

此外，我们还可以将直线节点转换为曲线节点，并进行弯曲度调节。启用"部分选取"工具 ▶，在对象的外边线上单击，对象上显示出节点，如图 2-24 所示。单击要转换的节点，节点从空心变为实心表示可编辑，如图 2-25 所示。

按住 Alt 键，同时按住鼠标左键将节点向外拖曳，节点增加出两个可调节手柄，如图 2-26 所示。应用调节手柄可调节线段的弯曲度，如图 2-27 所示。

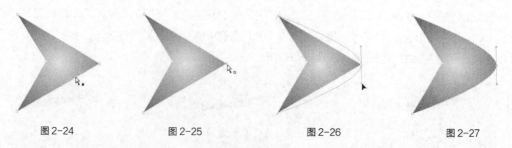

图 2-24   图 2-25   图 2-26   图 2-27

2.2.3 套索工具

应用套索工具可以按需要在对象上选取任意一部分不规则的图形。启用"套索"工具 ✐ 有以下两种方法。

➡ 单击工具箱中的"套索"工具 🔘。

➡ 按 L 键。

启用"套索"工具 🔘，在场景中导入一张位图，按 Ctrl+B 组合键将位图进行分离。用鼠标在位图上任意选择想要的区域，形成一个封闭的选区，如图 2-28 所示。松开鼠标左键，选区中的图像被选中，如图 2-29 所示。

图 2-28

图 2-29

在启用"套索"工具 🔘 后，工具箱的下方出现图 2-30 所示的按钮，利用这些按钮可以完成以下工作。

图 2-30

"魔术棒"按钮 🪄：以单击的方式选择颜色相似的位图图形。

选中"魔术棒"按钮 🪄，将鼠标指针放在位图上，指针变为 ※，在要选择的位图上单击，如图 2-31 所示。与单击点颜色相近的图像区域被选中，如图 2-32 所示。

图 2-31

图 2-32

"魔术棒设置"按钮 🪄：用来设置魔术棒的属性，应用不同的属性时，魔术棒选取的图像区域大小各不相同。

单击"魔术棒设置"按钮 🪄，弹出"魔术棒设置"对话框，如图 2-33 所示。

"阈值"选项：可以设置魔术棒的容差范围，输入数值越大，魔术棒的容差范围也越大。可输入数值的范围在 0～200。

"平滑"选项：此选项中有 4 种模式可供选择。选择不同模式时，在魔术棒阈值数相同的情况下，魔术棒所选的图像区域也会产生不同。

图 2-33

在"魔术棒设置"对话框中设置不同阈值，如图 2-34 和图 2-35 所示，所产生的不同效果如图 2-36 和图 2-37 所示。

"多边形模式"按钮 🔽：可以用鼠标精确地勾画想要选中的图像。

选择"多边形模式"按钮 🔽，在场景中导入一幅位图，按 Ctrl+B 组合键将位图进行分离。在字母"A"的边缘单击进行绘制，如图 2-38 所示。双击结束多边形工具的绘制，绘制的区域被选中，如图 2-39 所示。

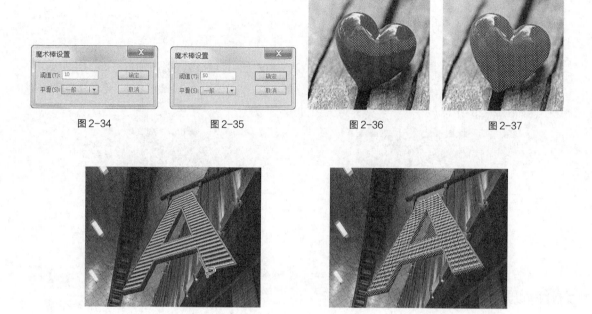

图 2-34　　　　　　图 2-35　　　　　　图 2-36　　　　　　图 2-37

图 2-38　　　　　　　　　　　图 2-39

2.3　编辑图形

使用绘图工具创建的矢量图形比较单调，如果结合编辑工具，改变原图形的色彩、线条、形态等属性，就可以创建出富有变化的图形效果。

2.3.1　墨水瓶工具和颜料桶工具

1. 墨水瓶工具

使用墨水瓶工具可以修改矢量图形的边线。启用"墨水瓶"工具 有以下两种方法。

➡ 单击工具箱中的"墨水瓶"工具 。

➡ 按 S 键。

2. 颜料桶工具

使用颜料桶工具可以修改矢量图形的填充色。启用"颜料桶"工具 有以下两种方法。

➡ 单击工具箱中的"颜料桶"工具 。

➡ 按 K 键。

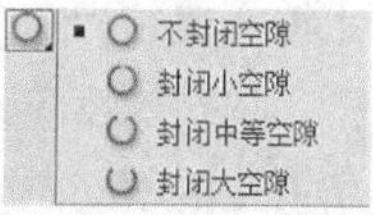

在工具箱的下方，系统设置了 4 种填充模式可供选择，如图 2-40 所示。

图 2-40

"不封闭空隙"模式：选择此模式，只有在完全封闭的区域才能填充颜色。

"封闭小空隙"模式：选择此模式，当边线上存在小空隙时，允许填充颜色。

"封闭中等空隙"模式：选择此模式，当边线上存在中等空隙时，允许填充颜色。

"封闭大空隙"模式：选择此模式，当边线上存在大空隙时，允许填充颜色。当选择"封闭大空隙”模式时，无论空隙是小空隙还是中等空隙，都可以填充颜色。

2.3.2　滴管工具

使用滴管工具可以吸取矢量图形的线型和色彩，然后使用颜料桶工具，可以快速修改其他矢量图形内部的填充色；或使用墨水瓶工具，快速修改其他矢量图形的边框颜色及线型。启用"滴管"工具⚂有以下两种方法。

➡ 单击工具箱中的"滴管"工具⚂。

➡ 按 I 键。

2.3.3　橡皮擦工具

橡皮擦工具用于擦除舞台上无用的矢量图形边框和填充色。启用"橡皮擦"工具⚂有以下两种方法。

➡ 单击工具箱中的"橡皮擦"工具⚂。

➡ 按 E 键。

橡皮擦工具也可以实现特殊的擦除效果，在工具箱的下方，系统设置了 5 种擦除模式可供选择，如图 2-41 所示。

"标准擦除"模式：擦除所有图形的线条和填充。

"擦除填色"模式：仅擦除填充区域，其他部分（如边框线）不受影响。

图 2-41

"擦除线条"模式：仅擦除图形的线条部分，不影响其填充部分。

"擦除所选填充"模式：仅擦除已经选择的填充部分，不影响其他未被选择的部分（如果场景中没有任何填充被选择，则擦除命令无效）。

"内部擦除"模式：仅擦除起点所在的填充区域内的部分，但不影响线条填充区域外的部分。

提示

若导入的位图和文字不是矢量图形，不能擦除它们的部分或全部，必须先选择"修改 > 分离"命令，将它们分离成矢量图形，才能使用橡皮擦工具擦除它们的部分或全部。

2.3.4　任意变形工具和渐变变形工具

在制作图形的过程中，可以应用任意变形工具来改变图形的大小及倾斜度，也可以应用填充变形工具来改变图形中渐变填充颜色的渐变效果。

1. 任意变形工具

使用任意变形工具可以改变选中图形的大小，还可以旋转图形。启用"任意变形"工具⚂有以下两种方法。

➡ 单击工具箱中的"任意变形"工具⚂。

➡ 按 Q 键。

在工具箱的下方，系统设置的 4 种变形模式可供选择，如图 2-42 所示。

图 2-42

2. 渐变变形工具

使用渐变变形工具可以改变选中图形的填充渐变效果。启用"渐变变形"工具⚂有以下两种方法。

➡ 单击工具箱中的"渐变变形"工具 。

➡ 按 F 键。

> **提示**　通过移动中心控制点，可以改变渐变区域的位置。

2.3.5　课堂案例——绘制糕点图标

 案例学习目标

使用钢笔工具绘制图形。

案例知识要点

使用"矩形"工具和"属性"面板，绘制圆角矩形；使用"选择"工具，选择并删除多余的边线；使用"钢笔"工具、"椭圆"工具和"多角星形"工具，绘制装饰图形；使用"线条"工具，绘制直线。完成效果如图 2-43 所示。

图 2-43

扫码观看
本案例视频

扫码查看
扩展案例

效果所在位置

云盘/Ch02/效果/绘制糕点图标. fla。

（1）选择"文件 > 新建"命令，在弹出的"新建文档"对话框中，选择"ActionScript 3.0"选项，单击"确定"按钮，进入新建文档舞台窗口。

（2）将"图层 1"重命名为"矩形框"。选择"矩形"工具 ，在矩形工具"属性"面板中，将"填充颜色"设为无，"笔触颜色"设为褐色（#A46927），"笔触"选项设为 3.50，其他选项的设置如图 2-44 所示。在舞台窗口中绘制 1 个圆角矩形，效果如图 2-45 所示。

图 2-44

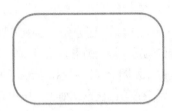

图 2-45

（3）选择"选择"工具 ↖，按住 Shift 键的同时，框选需要删除的边线，按 Delete 键，将其删除，效果如图 2-46 所示。使用相同的方法再制作 1 个矩形框，删除部分边线效果如图 2-47 所示。

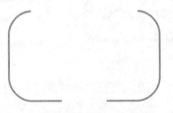

图 2-46

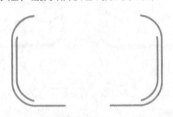

图 2-47

（4）单击"时间轴"面板下方的"新建图层"按钮 🔳，创建新图层并将其命名为"糕点"。选择"矩形"工具 🔲，在矩形工具"属性"面板中，将"填充颜色"设为白色，"笔触颜色"设为深棕色（#3D0E00），"笔触"选项设为 4.00，其他选项的设置如图 2-48 所示。在舞台中绘制 1 个圆角矩形，效果如图 2-49 所示。

图 2-48

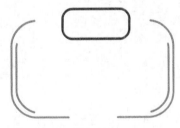

图 2-49

（5）选择"钢笔"工具 🖋，在钢笔工具"属性"面板中，将"笔触颜色"设为深棕色（#3D0E00），"笔触"选项设为 4，在舞台中绘制 1 条路径，效果如图 2-50 所示。

（6）选择"椭圆"工具 ⭕，在工具箱中将"填充颜色"设为深棕色（#3D0E00），按住 Shift 键的同时，在舞台中分别绘制圆形，效果如图 2-51 所示。

（7）选择"选择"工具 ↖，选中需要的圆形，在工具箱中将"填充颜色"设为褐色（#A46927），填充图形，效果如图 2-52 所示。

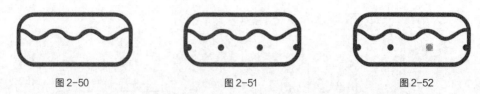

图 2-50 图 2-51 图 2-52

（8）选择"选择"工具 ▶，选中需要的图形，如图 2-53 所示。按住 Alt 键的同时，向上拖曳图形到适当的位置，复制图形，效果如图 2-54 所示。选择"任意变形"工具 ▦，在选中图形的周围出现控制框，如图 2-55 所示。按住 Alt+Shift 组合键的同时，将右上角控制点向左下方拖曳到适当的位置，以中心等比例方式缩小，再将其拖曳到适当的位置，效果如图 2-56 所示。

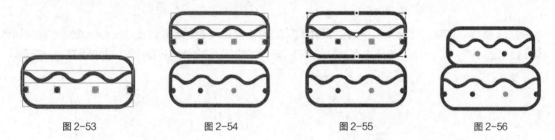

图 2-53 图 2-54 图 2-55 图 2-56

（9）单击"时间轴"面板下方的"新建图层"按钮 ▣，创建新图层并将其命名为"五角星"。选择"多角星形"工具 ◯，在多角星形"属性"面板中，将"填充颜色"设为无，"笔触颜色"设为深棕色（#3D0E00），其他选项设置如图 2-57 所示。在"属性"面板中单击"工具设置"选项下的"选项"按钮，弹出"工具设置"对话框，将"边数"选项设为 5，其他选项设置如图 2-58 所示。单击"确定"按钮，在图形的上方绘制 1 个星星，效果如图 2-59 所示。

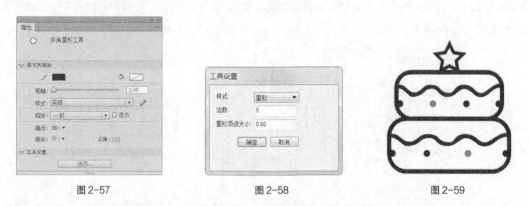

图 2-57 图 2-58 图 2-59

（10）单击"时间轴"面板下方的"新建图层"按钮 ▣，创建新图层并将其命名为"文字"。选择"文件 > 导入 > 导入到舞台"命令，在弹出的"导入"对话框中，选择云盘中的"Ch02 > 素材 > 绘制糕点图标 > 01"文件，单击"打开"按钮，文件被导入舞台，选择"选择"工具 ▶，拖曳文字到适当的位置，效果如图 2-60 所示。

（11）选择"线条"工具 ＼，在线条工具"属性"面板中，将"笔触颜色"设为褐色（#A46927），"笔触"选项设为 2.00，在舞台窗口中绘制 1 条直线，效果如图 2-61 所示。糕点图标绘制完成，按 Ctrl+Enter 组合键即可查看效果。

图 2-60

图 2-61

2.4　图形色彩

在 Flash CS6 中，根据设计和绘图的需要，我们可以应用纯色编辑面板、颜色面板和颜色样本面板来设置所需要的纯色、渐变色和颜色样本等。

2.4.1　"颜色样本"面板

在"颜色样本"面板中可以选择系统设置的颜色，也可根据需要自行设定颜色。

在工具箱的下方单击"填充颜色"按钮 ，弹出"颜色样本"面板，如图 2-62 所示。在面板中可以选择系统设置好的颜色，如想自行设定颜色，可以单击面板右上方的颜色选择按钮 ，弹出"颜色"面板，如图 2-63 所示。

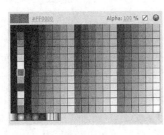

图 2-62

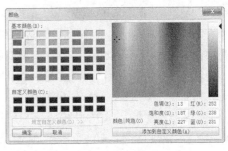

图 2-63

在面板右侧的颜色选择区中选择要自定义的颜色，如图 2-64 所示。可滑动面板右侧的滚动条来设定颜色的亮度，如图 2-65 所示。

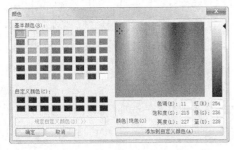

图 2-64

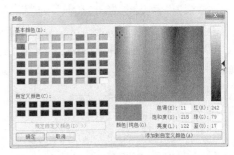

图 2-65

设定后的颜色可在"颜色|纯色"框中预览设定结果，如图 2-66 所示。单击面板右下方的"添加到自定义颜色"按钮，可将定义好的颜色添加到面板左下方的"自定义颜色"区域中，如图 2-67 所示。单击"确定"按钮，自定义颜色完成。

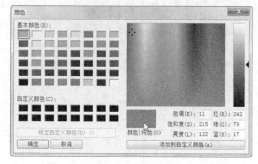

图 2-66

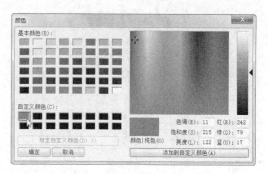

图 2-67

2.4.2　颜色面板

在颜色面板中可以设定纯色、渐变色以及颜色的不透明度。选择"窗口 >颜色"命令，或按 Alt+Shift+F9 组合键，弹出"颜色"面板。

1.　自定义纯色

在"颜色"面板的"颜色类型"选项的下拉列表中选择"纯色"选项，面板效果如图 2-68 所示。

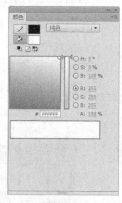

图 2-68

"笔触颜色"按钮 ：可以设定矢量线条的颜色。

"填充颜色"按钮 ：可以设定填充色的颜色。

"黑白"按钮 ：单击此按钮，线条与填充色恢复为系统默认的颜色。

"没有颜色"按钮 ：用于取消矢量线条或填充色块。当选择"椭圆"工具 或"矩形"工具 时，此按钮为可用状态。

"交换颜色"按钮 ：单击此按钮，可以切换线条颜色和填充色。

"红（R）""绿（G）""蓝（B）"选项：可以用精确数值来设定颜色。

"Alpha（A）"选项：用于设定颜色的不透明度，数值选取范围为 0～100%。

在面板右侧的颜色选择区域内，可以根据需要选择相应的颜色。

2.　自定义线性渐变色

在"颜色"面板的"颜色类型"选项下拉列表中选择"线性渐变"选项，面板效果如图 2-69 所示。将鼠标指针放置在滑动色带上，鼠标指针变为 后，在色带上单击鼠标增加颜色控制点，并在面板上方为新增加的控制点设定颜色及不透明度，如图 2-70 所示。若要删除控制点，只需将控制点向色带下方拖曳即可。

3.　自定义径向渐变色

在"颜色"面板的"颜色类型"选项下拉列表中选择"径向渐变"选项，面板效果如图 2-71 所示。用与定义线性渐变色相同的方法在色带上定义径向渐变色，定义完成后，面板的左下方显示出定义的渐变色，如图 2-72 所示。

图 2-69

图 2-70

图 2-71

图 2-72

4. 自定义位图填充

在"颜色"面板"颜色类型"选项的下拉列表中选择"位图填充"选项，如图 2-73 所示。弹出"导入到库"对话框，在对话框中选择要导入的图片，如图 2-74 所示。

图 2-73

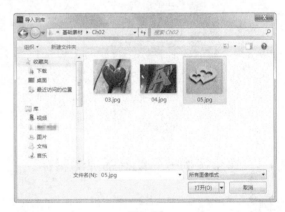
图 2-74

单击"打开"按钮，图片被导入到"颜色"面板中，如图 2-75 所示。选择"椭圆"工具 ，在舞台窗口中绘制出 1 个椭圆形，椭圆形内部被刚才导入的位图所填充，如图 2-76 所示。

图 2-75

图 2-76

选择"渐变变形"工具 ，在填充位图上单击，出现控制点，如图 2-77 所示。向内拖曳左下方的控制点，如图 2-78 所示。松开鼠标后，效果如图 2-79 所示。

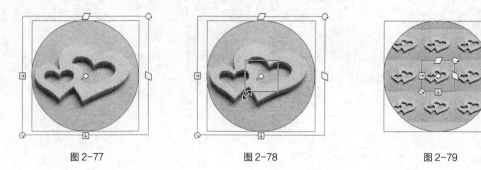

图 2-77   图 2-78   图 2-79

向右下方拖曳右上方的圆形控制点，改变填充位图的角度，如图 2-80 所示。松开鼠标后，效果如图 2-81 所示。

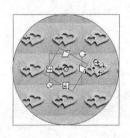   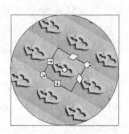

图 2-80   图 2-81

2.4.3 课堂案例——绘制播放器图标

案例学习目标

使用颜色面板设置图形渐变色。

案例知识要点

使用"矩形"工具和"颜色"面板，制作背景效果；使用"基本椭圆"工具和"椭圆"工具，绘制按钮图形；使用"文本"工具，输入广告语完成效果如图 2-82 所示。

图 2-82

扫码观看
本案例视频

扫码查看
扩展案例

效果所在位置

云盘/Ch02/效果/绘制播放器图标.fla。

1. 绘制背景

（1）选择"文件 > 新建"命令，弹出"新建文档"对话框，在"常规"选项卡中选择"ActionScript 3.0"选项，将"宽"选项设为 700、"高"选项设为 600，单击"确定"按钮，完成文档的创建。将"图层 1"重命名为"背景"，如图 2-83 所示。

（2）选择"矩形"工具 ，在矩形工具"属性"面板中，将"笔触颜色"设为青色（#1EBBE6），"填充颜色"设为灰色（#666），"笔触"选项设为 13.00。在舞台窗口中绘制 1 个大小适当的矩形，如图 2-84 所示。

（3）选择"窗口 > 颜色"命令，弹出"颜色"面板，选择"填充颜色"选项 ，在"颜色类型"选项的下拉列表中选择"线性渐变"，在色带上将左边的颜色控制点设为蓝色（#00B9EF），将右边的颜色控制点设为深蓝色（#00315E），生成渐变色，如图 2-85 所示。

图 2-83

图 2-84

图 2-85

（4）选择"颜料桶"工具 ，在闭合路径内部从左向右拖曳渐变色，如图 2-86 所示。松开鼠标后，渐变色被填充，效果如图 2-87 所示。

图 2-86

图 2-87

2. 绘制按钮图形

（1）按 Ctrl+F8 组合键，弹出"创建新元件"对话框，在"名称"选项的文本框中输入"按钮"，在"类型"选项的下拉列表中选择"图形"选项，如图 2-88 所示。单击"确定"按钮，完成新建图形元件"按钮"。舞台窗口也随之转换为图形元件的舞台窗口。

（2）选择"基本椭圆"工具 ，在基本椭圆工具"属性"面板中，将"笔触颜色"设为无，"填充颜色"设为刚才的渐变色，其他选项的设置如图 2-89 所示。

图 2-88   图 2-89

（3）在舞台窗口中绘制 1 个饼形，如图 2-90 所示。选择"渐变变形"工具 ，在图形上单击鼠标，出现渐变控制手柄，如图 2-91 所示。将鼠标指针放置在右上角的圆形控制点上，指针变为 时，向右下方拖曳鼠标指针，改变渐变色的倾斜度，效果如图 2-92 所示。将鼠标放置在中心控制点上，指针变为 时，向上拖曳鼠标指针，改变渐变色的位置，效果如图 2-93 所示。

   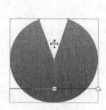

图 2-90   图 2-91   图 2-92   图 2-93

（4）单击"时间轴"面板下方的"新建图层"按钮 ，新建"图层 2"。选择"窗口 > 颜色"命令，弹出"颜色"面板，选择"填充颜色"选项 ，在"颜色类型"选项的下拉列表中选择"径向渐变"，在色带上将渐变色设为从浅灰（#444040）、灰色（#3F3B3A）、深灰色（#261D1A）到黑色（#261D1A），共设置 4 个控制点，生成渐变色，如图 2-94 所示。

（5）选择"椭圆"工具 ，选中工具箱下方的"对象绘制"按钮 ，在舞台窗口中绘制一个径向渐变的椭圆形，效果如图 2-95 所示。

（6）单击"时间轴"面板下方的"新建图层"按钮 ，新建"图层 3"。在椭圆工具"属性"面板中，将"笔触颜色"设为灰色（#CCC），"填充颜色"设为白色，"笔触"选项设为 2，在舞台窗口中绘制 1 个椭圆形，效果如图 2-96 所示。

图 2-94

图 2-95　　　　　　　　　　　　　图 2-96

3．添加其他素材

（1）单击舞台窗口左上方的"场景 1"图标 场景1，进入"场景 1"的舞台窗口。单击"时间轴"面板下方的"新建图层"按钮，创建新图层并将其命名为"按钮"，如图 2-97 所示。将"库"面板中的图形元件"按钮"拖曳到舞台窗口中，并放置在适当的位置，如图 2-98 所示。

（2）单击"时间轴"面板下方的"新建图层"按钮，创建新图层并将其命名为"星星"。选择"窗口 > 颜色"命令，弹出"颜色"面板，选择"填充颜色"选项，在"颜色类型"选项的下拉列表中选择"线性渐变"，在色带上将左边的颜色控制点设为蓝色（#00B9EF），将右边的颜色控制点设为深蓝色（#005593），生成渐变色，如图 2-99 所示。

图 2-97　　　　　　　　　图 2-98　　　　　　　　　图 2-99

（3）选择"多角星形"工具，在多角星形"属性"面板中，单击"工具设置"选项组中的"选项"按钮，在弹出的"工具设置"对话框中进行设置，各项参数如图 2-100 所示。单击"确定"按钮，完成工具设置。在舞台窗口中绘制一个星星，效果如图 2-101 所示。

图 2-100　　　　　　　　　　　　　图 2-101

（4）单击"时间轴"面板下方的"新建图层"按钮，创建新图层并将其命名为"装饰"。选择"文件 > 导入 > 导入到舞台"命令，在弹出的"导入"对话框中，选择云盘中的"Ch02 > 素材 > 绘制播放器图标 > 01、02"文件，单击"打开"按钮，文件分别被导入到舞台窗口中，分别拖曳图像到适当的位置，如图 2-102 所示。

（5）选择"文本"工具 T，在文本工具"属性"面板中进行设置，在舞台窗口中适当的位置输入大小为 24、字体为"Arial"的白色英文，文字效果如图 2-103 所示。播放器图标绘制完成，按 Ctrl+Enter 组合键即可查看效果。

图 2-102　　　　　　　　　　　　　　　　　图 2-103

课堂练习——绘制卡通按钮

🔗 练习知识要点

使用"基本矩形"工具、"颜色"面板、"渐变变形"工具和"变形"面板，绘制按钮；使用"矩形"工具、"椭圆"工具和"钢笔"工具，绘制汽车图形。完成效果如图 2-104 所示。

图 2-104

扫码观看　　　扫码观看　　　扫码观看
本案例视频　　本案例视频　　本案例视频

◎ 效果所在位置

云盘/Ch02/效果/绘制卡通按钮.fla。

课后习题——绘制迷你太空

🔗 习题知识要点

使用"钢笔"工具，绘制火箭轮廓；使用"颜料桶"工具，填充图形颜色；使用"任意变形"工具，旋转图形的角度；使用"多角星形"工具，绘制五角星；使用"椭圆"工具，绘制圆形装饰图形。完成效果如图 2-105 所示。

图 2-105

扫码观看
本案例视频

 效果所在位置

云盘/Ch02/效果/绘制迷你太空.fla。

03

第 3 章
对象的编辑和操作

本章主要讲解对象的变形、操作、修饰方法，以及对齐面板和变形面板的应用。通过学习这些内容，读者可以灵活运用 Flash CS6 中的编辑功能对对象进行编辑和管理，使对象在画面中表现更加完美，组织更加合理。

课堂学习目标

✔ 掌握对象的变形方法和技巧
✔ 掌握对象的操作方法和技巧
✔ 掌握对象的修饰方法
✔ 运用对齐面板和变形面板编辑对象

3.1 对象的变形

选择"修改 > 变形"中的命令,可以对选择的对象进行变形修改,比如扭曲、封套、缩放、旋转与倾斜等。下面将分别进行介绍。

3.1.1 扭曲对象

选择"修改 > 变形 > 扭曲"命令,在当前选择的图形上出现控制点。拖曳四角的控制点可以改变图形顶点的形状,效果如图 3-1、图 3-2 和图 3-3 所示。

图 3-1　　　　　　　　　图 3-2　　　　　　　　　图 3-3

3.1.2 封套对象

选择"修改 > 变形 > 封套"命令,在当前选择的图形上出现控制点。用鼠标指针拖曳控制点使图形产生相应的弯曲变化,效果如图 3-4、图 3-5 和图 3-6 所示。

图 3-4　　　　　　　　　图 3-5　　　　　　　　　图 3-6

3.1.3 缩放对象

选择"修改 > 变形 > 缩放"命令,在当前选择的图形上出现控制点。用鼠标指针拖曳控制点可以成比例地改变图形的大小,效果如图 3-7、图 3-8 和图 3-9 所示。

 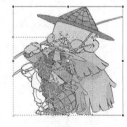 

图 3-7　　　　　　　　　图 3-8　　　　　　　　　图 3-9

3.1.4 旋转与倾斜对象

选择"修改 > 变形 > 旋转与倾斜"命令，在当前选择的图形上出现控制点。用鼠标指针拖曳中间的控制点可倾斜图形，拖动四角的控制点可旋转图形，效果如图 3-10～图 3-15 所示。

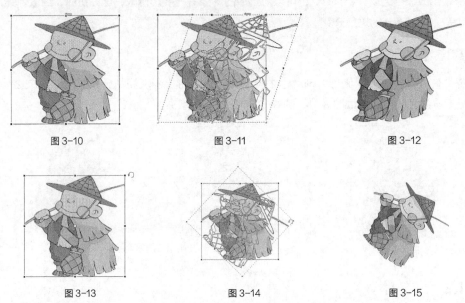

图 3-10　　　　　　　　　　图 3-11　　　　　　　　　　图 3-12

图 3-13　　　　　　　　　　图 3-14　　　　　　　　　　图 3-15

选择"修改 > 变形"中的"顺时针旋转 90 度""逆时针旋转 90 度"命令，可以将图形按照规定的度数进行旋转，效果如图 3-16、图 3-17 和图 3-18 所示。

图 3-16　　　　　　　　　　图 3-17　　　　　　　　　　图 3-18

3.1.5 翻转对象

选择"修改 > 变形"中的"垂直翻转""水平翻转"命令，可以将图形进行翻转，效果如图 3-19、图 3-20 和图 3-21 所示。

图 3-19　　　　　　　　　　图 3-20　　　　　　　　　　图 3-21

3.2 对象的操作

在 Flash CS6 中，可以根据需要对对象进行组合、分离、叠放、对齐等一系列的操作，从而达到制作的要求。

3.2.1 组合对象

制作复杂图形时，可以将多个图形组合成一个整体，以便选择和修改。另外，制作位移动画时，需用"组合"命令将图形转变成组件。

选中多个图形，选择"修改 > 组合"命令，或按 Ctrl+G 组合键，即可将选中的图形进行组合，如图 3-22 和图 3-23 所示。

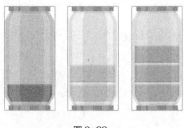
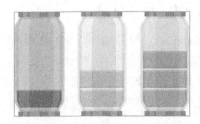

图 3-22　　　　　　　　　　　　　　　　　　　图 3-23

3.2.2 分离对象

要修改多个图形的组合、图像、文字或组件的一部分时，可以选择"修改 > 分离"命令。另外，制作变形动画时，需用"分离"命令将图形的组合、图像、文字或组件转化成图形。

选中图形组合，选择"修改 > 分离"命令，或按 Ctrl+B 组合键，即可将组合的图形打散，多次使用"分离"命令的效果如图 3-24、图 3-25、图 3-26 和图 3-27 所示。

图 3-24　　　　　　　图 3-25　　　　　　　图 3-26　　　　　　　图 3-27

3.2.3 叠放对象

制作复杂图形时，随着多个图形的叠放次序不同，会产生不同的效果，可以通过选择"修改 > 排列"中的命令实现不同的叠放效果。

例如，要将图形移动到所有图形的顶层。选中要移动的图形，选择"修改 > 排列 > 移至顶层"命令，即可将选中的图形移动到所有图形的顶层，效果如图 3-28、图 3-29 和图 3-30 所示。

图 3-28

图 3-29

图 3-30

 提示

叠放对象只能是图形的组合或组件。

3.2.4　对齐对象

当选择多个图形、图像、组合图形或图形组件时，可以通过选择"修改 > 对齐"中的命令调整它们的相对位置。

例如，要将多个图形的底部对齐。选中多个图形，选择"修改 > 对齐 > 底对齐"命令，即可将所有图形的底部对齐，效果如图 3-31 和图 3-32 所示。

图 3-31

图 3-32

3.3　对象的修饰

在 Flash 动画制作过程中，可以应用 Flash CS6 自带的一些命令，实现将线条转换为填充、将填充进行修改或将填充边缘进行柔化处理的操作。

3.3.1　将线条转换为填充

应用将线条转换为填充命令可以将矢量线条转换为填充色块。首先打开素材文件，如图 3-33 所示。然后选择"墨水瓶"工具 ，为图形绘制外边线，如图 3-34 所示。

双击图形的外边线将其选中，选择"修改 > 形状 > 将线条转换为填充"命令，将外边线转换为填充色块，如图 3-35 所示。这时，可以选择"颜料桶"工具 ，为填充色块设置其他颜色，如图 3-36 所示。

图 3-33

图 3-34

图 3-35

图 3-36

3.3.2 扩展填充

应用扩展填充命令可以将填充颜色向外扩展或向内收缩，扩展或收缩的数值可以自定义。

1. 扩展填充色

选中图形的填充颜色，如图 3-37 所示，选择"修改 > 形状 > 扩展填充"命令，弹出"扩展填充"对话框，在"距离"选项的数值框中输入 10（取值范围为 0.05～144），选择"扩展"选项，如图 3-38 所示。单击"确定"按钮，填充色向外扩展，效果如图 3-39 所示。

图 3-37

图 3-38

图 3-39

2. 收缩填充色

选中图形的填充颜色，选择"修改 > 形状 > 扩展填充"命令，弹出"扩展填充"对话框，在"距离"选项的数值框中输入 10（取值范围为 0.05～144），选择"插入"选项，如图 3-40 所示。单击"确定"按钮，填充色向内收缩，效果如图 3-41 所示。

图 3-40

图 3-41

3.3.3 柔化填充边缘

应用柔化填充边缘命令可以将图形的边缘制作成柔化效果。

1. 向外柔化填充边缘

选中图形，如图 3-42 所示，选择"修改 > 形状 > 柔化填充边缘"命令，弹出"柔化填充边缘"对话框，在"距离"选项的数值框中输入 80，在"步长数"选项的数值框中输入 5，选择"扩展"选项，如图 3-43 所示。单击"确定"按钮，效果如图 3-44 所示。

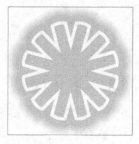

图 3-42　　　　　　　　　　　图 3-43　　　　　　　　　　　图 3-44

 提示　　在"柔化填充边缘"对话框中设置不同的数值，所产生的效果也各不相同，可以尝试设置不同的数值，以达到最理想的绘制效果。

2. 向内柔化填充边缘

选中图形，如图 3-45 所示，选择"修改 > 形状 > 柔化填充边缘"命令，弹出"柔化填充边缘"对话框，在"距离"选项的数值框中输入 50，在"步长数"选项的数值框中输入 5，选择"插入"选项，如图 3-46 所示。单击"确定"按钮，效果如图 3-47 所示。

图 3-45　　　　　　　　　　　图 3-46　　　　　　　　　　　图 3-47

3.3.4　课堂案例——绘制风景插画

案例学习目标

使用柔化填充边缘命令制作图形柔化效果。

案例知识要点

使用"椭圆"工具、"矩形"工具和"颜色"面板，绘制白云和树图形；使用"组合"命令，将图形编组；使用"变形"面板，调整图形大小。完成效果如图 3-48 所示。

扫码观看
本案例视频

扫码查看
扩展案例

图 3-48

效果所在位置

云盘/Ch03/效果/绘制风景插画.fla。

（1）选择"文件 > 打开"命令，在弹出的"打开"对话框中，选择云盘中的"Ch03 > 素材 > 绘制风景插画 > 01"文件，如图 3-49 所示。单击"打开"按钮，打开文件，如图 3-50 所示。

图 3-49

图 3-50

（2）单击"时间轴"面板下方的"新建图层"按钮，创建新图层并将其命名为"云彩"。选择"椭圆"工具，在工具箱中将"笔触颜色"设为无，"填充颜色"设为浅蓝色（#AFEDED），在舞台窗口中绘制多个圆形，效果如图 3-51 所示。选择"矩形"工具，在舞台窗口中绘制 1 个矩形，效果如图 3-52 所示。

（3）选择"选择"工具，选中刚绘制的图形，按住 Alt 键的同时，向左上方拖曳图形到适当的位置，复制图形。选择"任意变形"工具，按住 Alt+Shift 组合键的同时，用鼠标指针拖曳右上方的控制点，等比例缩小图形，效果如图 3-53 所示。使用相同方法再复制 2 个图形并调整其大小，效果如图 3-54 所示。

图 3-51

图 3-52

图 3-53

图 3-54

（4）在"时间轴"面板中调整图层的顺序，如图 3-55 所示，舞台窗口中的效果如图 3-56 所示。选中"小山"图层，单击"时间轴"面板下方的"新建图层"按钮，创建新图层并将其命名为"树"。

（5）选择"窗口＞颜色"命令，弹出"颜色"面板，单击"填充颜色"按钮，在"颜色类型"选项的下拉列表中选择"线性渐变"，选中色带上左侧的色块，将其设为深褐色（#643B18），选中色带上右侧的色块，将其设为褐色（#876818），生成渐变色，如图 3-57 所示。选择"矩形"工具，在工具箱下方选择"对象绘制"按钮，在舞台窗口中绘制 1 个矩形，效果如图 3-58 所示。

图 3-55　　　　　　　　图 3-56　　　　　　　　图 3-57　　　　　　　　图 3-58

（6）调出"颜色"面板，单击"填充颜色"按钮，在"颜色类型"选项的下拉列表中选择"径向渐变"，选中色带上左侧的色块，将其设为黄绿色（#A3DB3D），选中色带上右侧的色块，将其设为绿色（#4AA442），生成渐变色，如图 3-59 所示。选择"椭圆"工具，在工具箱下方选择"对象绘制"按钮，按住 Shift 键的同时，在舞台窗口中绘制 1 个圆形，效果如图 3-60 所示。

（7）按 F8 键，在弹出的"转换为元件"对话框中进行设置，如图 3-61 所示。单击"确定"按钮，将图形转换为影片剪辑元件，如图 3-62 所示。

图 3-59　　　　　　　　图 3-60　　　　　　　　图 3-61　　　　　　　　图 3-62

（8）选择"选择"工具，在舞台窗口中选中"圆形"实例，在图形"属性"面板中选择"色彩效果"选项组，在"样式"选项的下拉列表中选择"Alpha"，将其值设为 80%。舞台窗口中的效果如图 3-63 所示。

（9）选择"选择"工具，按住 Shift 键的同时，选中下方的矩形和圆形，按 Ctrl+G 组合键，将选中的图形进行组合，形成一棵"树"，如图 3-64 所示。按住 Alt+Shift 组合键的同时，水平向右拖曳图形到适当的位置，复制图形。选择"任意变形"工具，缩放复制的"树"实例的大小，效果如图 3-65 所示。用相同的方法再次复制 1 个"树"实例，缩放大小并放置在适当的位置，效果如图 3-66 所示。

图 3-63　　　　　　　　　　图 3-64　　　　　　　　　　图 3-65　　　　　　　　　　图 3-66

（10）按 Ctrl+F8 组合键，弹出"创建新元件"对话框，在"名称"选项的文本框中输入"太阳"，在"类型"选项的下拉列表中选择"图形"选项，如图 3-67 所示。单击"确定"按钮，新建图形元件"太阳"。舞台窗口也随之转换为图形元件的舞台窗口。

（11）调出"颜色"面板，单击"填充颜色"按钮，在"颜色类型"选项的下拉列表中选择"径向渐变"，选中色带上左侧的色块，将其设为黄色（#FFE438），选中色带上右侧的色块，将其设为橘黄色（#FFBE11），生成渐变色，如图 3-68 所示。选择"椭圆"工具，按住 Shift 键的同时，在舞台窗口中绘制 1 个圆形，效果如图 3-69 所示。

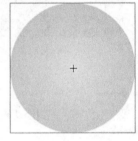

图 3-67　　　　　　　　　　　图 3-68　　　　　　　　　　　图 3-69

（12）选择"选择"工具，选中图形，按 Ctrl+C 组合键，复制图形，按 Ctrl+Shift+V 组合键，将图形粘贴到当前位置。选择"窗口 > 变形"命令，弹出"变形"面板，在"变形"面板中，将"缩放宽度"选项设为 120%，"缩放高度"选项也随之变为 120%，如图 3-70 所示。按 Enter 键确定操作，效果如图 3-71 所示。

（13）调出"颜色"面板，单击"填充颜色"按钮，选中色带上左侧的色块，将其设为白色，在"Alpha"选项中将其不透明度设为 0，选中色带上右侧的色块，将其设为浅黄色（#FFD500），在"Alpha"选项中将其不透明度设为 50%，生成渐变色，如图 3-72 所示。舞台窗口中的效果如图 3-73 所示。

图 3-70　　　　　　　　　　图 3-71　　　　　　　　　　图 3-72　　　　　　　　　　图 3-73

（14）单击舞台窗口左上方的"场景 1"图标 ，进入"场景 1"的舞台窗口。单击"时间轴"面板下方的"新建图层"按钮 ，创建新图层并将其命名为"太阳"。将"库"面板中的图形元件"太阳"拖曳到舞台窗口中的适当位置，如图 3-74 所示。

（15）选择"文件 > 导入 > 导入到库"命令，在弹出的"导入到库"对话框中，选择云盘中的"Ch03 >素材 > 绘制风景插画 > 02"文件，单击"打开"按钮，文件被导入到"库"面板中，如图 3-75 所示。

（16）单击"时间轴"面板下方的"新建图层"按钮 ，创建新图层并将其命名为"草丛"。将"库"面板中的图形元件"02"拖曳到舞台窗口中的适当位置，选择"任意变形"工具 ，等比例放大图形，效果如图 3-76 所示。风景插画绘制完成，按 Ctrl+Enter 组合键即可查看效果。

图 3-74　　　　　　　　　图 3-75　　　　　　　　　图 3-76

3.4　对齐面板和变形面板

在 Flash CS6 中，可以应用对齐面板来设置多个对象的对齐方式，还可以应用变形面板来改变对象的大小以及倾斜度。

3.4.1　对齐面板

应用对齐面板可以将多个图形按照一定的规律进行排列，能够快速调整图形之间的相对位置、平分间距和对齐方向。

选择"窗口 > 对齐"命令，弹出"对齐"面板，如图 3-77 所示。

"对齐"选项组中的各选项含义如下。

"左对齐"按钮 ：设置选取对象左端对齐。

"水平中齐"按钮 ：设置选取对象沿垂直线中对齐。

"右对齐"按钮 ：设置选取对象右端对齐。

"顶对齐"按钮 ：设置选取对象上端对齐。

"垂直中齐"按钮 ：设置选取对象沿水平线中对齐。

"底对齐"按钮 ：设置选取对象下端对齐。

"分布"选项组中的各选项含义如下。

"顶部分布"按钮 ：设置选取对象在横向上上端间距相等。

图 3-77

"垂直居中分布"按钮 : 设置选取对象在横向上中心间距相等。

"底部分布"按钮 : 设置选取对象在横向上下端间距相等。

"左侧分布"按钮 : 设置选取对象在纵向上左端间距相等。

"水平居中分布"按钮 : 设置选取对象在纵向上中心间距相等。

"右侧分布"按钮 : 设置选取对象在纵向上右端间距相等。

"匹配大小"选项组中的各选项含义如下。

"匹配宽度"按钮 : 设置选取对象在水平方向上等尺寸变形(以所选对象中宽度最大的为基准)。

"匹配高度"按钮 : 设置选取对象在垂直方向上等尺寸变形(以所选对象中高度最大的为基准)。

"匹配宽和高"按钮 : 设置选取对象在水平方向和垂直方向同时进行等尺寸变形 (同时以所选对象中宽度和高度最大的为基准)。

"间隔"选项组中的各选项含义如下。

"垂直平均间隔"按钮 : 设置选取对象在纵向上间距相等。

"水平平均间隔"按钮 : 设置选取对象在横向上间距相等。

"相对于舞台"选项中的各选项含义如下。

"与舞台对齐"复选项: 勾选此选项后,上述所有设置操作都是以整个舞台的宽度或高度为基准的。

3.4.2 变形面板

应用变形面板可以对图形、组、文本以及实例进行变形。选择"窗口 > 变形"命令,弹出"变形"面板,如图 3-78 所示。各选项含义如下。

"缩放宽度" 100.0% 和"缩放高度" 100.0% 选项:用于设置图形的宽度和高度。

"约束"按钮 :用于约束"宽度"和"高度"选项,使图形能够成比例地变形。

"旋转"选项:用于设置图形的旋转角度。

"倾斜"选项:用于设置图形的水平倾斜角度或垂直倾斜角度。

"重制选区和变形"按钮 :用于复制图形并将变形设置应用给图形。

"取消变形"按钮 :用于将图形属性恢复到初始状态。

图 3-78

3.4.3 课堂案例——绘制折扣吊签

案例学习目标

使用变形面板改变图形的大小。

案例知识要点

使用"钢笔"工具、"多角星形"工具、"水平翻转"命令,制作南瓜图形;使用"文本"工具,添加文字效果;使用"组合"命令,将图形组合;使用"变形"面板,改变图形的大小。完成效果如图 3-79 所示。

图 3-79

效果所在位置

云盘/Ch03/效果/绘制折扣吊签.fla。

1. 导入素材并绘制南瓜图形

（1）选择"文件 > 新建"命令，弹出"新建文档"对话框，在"常规"选项卡中，选择"ActionScript 3.0"选项，将"宽"选项设为 800，"高"选项设为 800，单击"确定"按钮，完成文档的创建。

（2）选择"文件 > 导入 > 导入到库"命令，在弹出的"导入"对话框当中，选择云盘中的"Ch03 > 素材 > 绘制折扣吊签 > 01、02"文件，单击"打开"按钮，文件被导入到"库"面板中，如图 3-80 所示。

（3）在"库"面板下方单击"新建元件"按钮，弹出"创建新元件"对话框，在"名称"选项的文本框中输入"南瓜"，在"类型"选项的下拉列表中选择"图形"选项，单击"确定"按钮，新建图形元件"南瓜"，如图 3-81 所示，舞台窗口也随之转换为图形元件的舞台窗口。

图 3-80

图 3-81

（4）将"图层 1"重命名为"外形"。选择"钢笔"工具，在钢笔工具"属性"面板中将"笔触颜色"设为黑色，"笔触"选项设为 1，单击工具箱下方的"对象绘制"按钮，在舞台窗口中绘制 1 个闭合边线，效果如图 3-82 所示。

（5）选择"颜料桶"工具，在工具箱中将"填充颜色"设为深灰色（#263139），在边线内部单击鼠标，填充图形，如图 3-83 所示。选择"选择"工具，选中图形，在工具箱中将"笔触颜色"设为无，效果如图 3-84 所示。

图 3-82   图 3-83   图 3-84

（6）单击"时间轴"面板下方的"新建图层"按钮，创建新图层并将其命名为"五官"。选择
"多角星形"工具，在多角星形"属性"面板中，将"笔触颜色"设为无，"填充颜色"设为橘黄
色（#F18E1E），单击"工具设置"选项组中的"选项"按钮，弹出"工具设置"对话框，将"边数"
选项设为 3，其他选项设置如图 3-85 所示，单击"确定"按钮，在图形的上方绘制 1 个三角形，效
果如图 3-86 所示。

图 3-85   图 3-86

（7）选择"选择"工具，按住 Alt+Shift 组合键的同时，水平向右拖曳三角形到适当的位置，
复制三角形，效果如图 3-87 所示。选择"修改 > 变形 > 水平翻转"命令，将三角形水平翻转，效
果如图 3-88 所示。

图 3-87   图 3-88

（8）选择"多角星形"工具，在舞台窗口中再绘制 1 个三角形，效果如图 3-89 所示。选择
"窗口 > 变形"命令，弹出"变形"面板，在"变形"面板中，单击"约束"按钮，将"缩放宽
度"选项设为 80%，"缩放高度"选项则保持不变，如图 3-90 所示。按 Enter 键确定操作，效果如
图 3-91 所示。

| 图 3-89 | 图 3-90 | 图 3-91 |

（9）选择"钢笔"工具 ，在钢笔工具"属性"面板中，将"笔触颜色"设为黑色，"笔触"选项设为 1，在舞台窗口中绘制 1 个闭合边线，效果如图 3-92 所示。

（10）选择"颜料桶"工具 ，在工具箱中将"填充颜色"设为橘黄色（#F18E1E），在边线内部单击鼠标填充图形，如图 3-93 所示。选择"选择"工具 ，选中"嘴"图形，在工具箱中将"笔触颜色"设为无，效果如图 3-94 所示。

| 图 3-92 | 图 3-93 | 图 3-94 |

2. 绘制底图

（1）单击舞台窗口左上方的"场景 1"图标 ，进入"场景 1"的舞台窗口。将"图层 1"重命名为"底图"。选择"矩形"工具 ，在矩形工具"属性"面板中，将"填充颜色"设为橘黄色（#F18E1E），其他选项的设置如图 3-95 所示，在舞台窗口中绘制 1 个矩形，效果如图 3-96所示。

| 图 3-95 | 图 3-96 |

（2）选择"部分选取"工具 ，单击图形的外边线，图形的外边线上出现多个节点，如图 3-97 所示。选择"添加锚点"工具 ，在需要的位置分别单击添加锚点，如图 3-98 所示。选择"部分选取"工具 ，按住 Shift 键的同时，选取添加的锚点，连续按向上方向键，调整锚点到适当的位置，如图 3-99 所示。

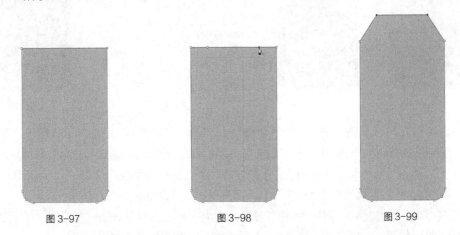

图 3-97   图 3-98   图 3-99

（3）选择"窗口 > 颜色"命令，弹出"颜色"面板，单击"填充颜色"按钮 ，在"颜色类型"选项的下拉列表中选择"线性渐变"，选中色带上左侧的色块，将其设为紫色（#8F4D95），选中色带上右侧的色块，将其设为深紫色（#662E8F），生成渐变色，如图 3-100 所示。

（4）选择"颜料桶"工具 ，在图形内部从下至上移动指针，如图 3-101 所示。松开鼠标填充渐变色，效果如图 3-102 所示。

（5）选择"选择"工具 ，在图形上选取需要填充颜色的区域，在工具箱中将"填充颜色"设为深灰色（#263139），填充图形，效果如图 3-103 所示。

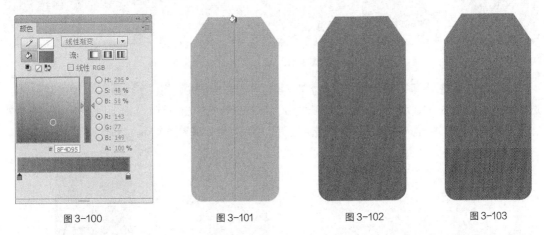

图 3-100   图 3-101   图 3-102   图 3-103

（6）选择"选择"工具 ，将"库"面板中的图形元件"南瓜"拖曳到舞台窗口中的适当位置，效果如图 3-104 所示。按住 Alt 键的同时，向右下方拖曳图形到适当的位置，复制图形，效果如图 3-105 所示。

（7）按 Ctrl+T 组合键，弹出"变形"面板，将"缩放宽度"选项设为 60%，"缩放高度"选项也随之变为 60%，如图 3-106 所示。按 Enter 键确定操作，效果如图 3-107 所示。

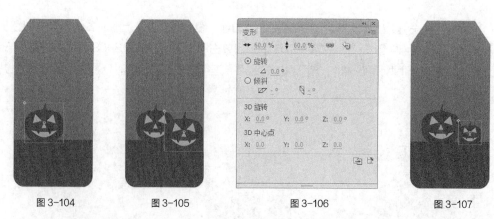

图 3-104　　　　图 3-105　　　　　　图 3-106　　　　　　　图 3-107

（8）选择"选择"工具 ，按住 Shift 键的同时，选取需要的图形，如图 3-108 所示。按 Ctrl+C 组合键，复制图形。单击"时间轴"面板下方的"新建图层"按钮 ，创建新图层并将其命名为"虚线"。按 Ctrl+Shift+V 组合键，将复制的图形原位粘贴到"虚线"图层中，如图 3-109 所示。在工具箱中将"填充颜色"设为橘黄色（#F18E1E），填充图形，效果如图 3-110 所示。

（9）在"变形"面板中，单击"约束"按钮 ，将"缩放宽度"选项设为 90%，"缩放高度"选项设为 95%，如图 3-111 所示。按 Enter 键确定操作，效果如图 3-112 所示。

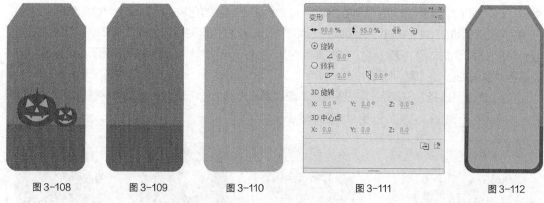

图 3-108　　　　图 3-109　　　　图 3-110　　　　　　图 3-111　　　　　　图 3-112

（10）选择"墨水瓶"工具 ，在墨水瓶工具"属性"面板中，将"笔触颜色"设为白色，其他选项的设置如图 3-113 所示。鼠标指针变为 ，在图形外侧单击鼠标，勾画出图形轮廓，效果如图 3-114 所示。选择"选择"工具 ，选中图形，按 Delete 键将其删除，效果如图 3-115 所示。

图 3-113

图 3-114

图 3-115

3. 输入文字

（1）单击"时间轴"面板下方的"新建图层"按钮 🗂，创建新图层并将其命名为"蝙蝠"。将"库"面板中的图形元件"01"拖曳到舞台窗口中的适当位置，效果如图 3-116 所示。

（2）在"时间轴"面板中创建新图层并将其命名为"文字"。选择"文本"工具 T，在文本工具"属性"面板中进行设置，在舞台窗口中适当的位置分别输入大小为 70、34、60，字体为"Bebas"的白色文字，文字效果如图 3-117 所示。

（3）选择"选择"工具 ▶，选取需要填充颜色的文字，在工具箱中将"填充颜色"设为橘黄色（#F18E1E），填充文字，效果如图 3-118 所示。

图 3-116　　　　　　　　图 3-117　　　　　　　　图 3-118

（4）选择"选择"工具 ▶，按住 Shift 键的同时，选取输入的文字，如图 3-119 所示。按 Ctrl+K 组合键，弹出"对齐"面板，单击"水平中齐"按钮 ♣，将选中的文字水平对齐，效果如图 3-120 所示。按 Ctrl+G 组合键，将选中的文字进行组合，如图 3-121 所示。

（5）选择"选择"工具 ▶，按住 Shift 键的同时，选中文字和图形，如图 3-122 所示。调出"对齐"面板，单击"水平中齐"按钮 ♣，将选中的文字和图形水平对齐，效果如图 3-123 所示。

图 3-119　　　　　图 3-120　　　　　图 3-121　　　　　图 3-122　　　　　图 3-123

（6）单击"时间轴"面板下方的"新建图层"按钮 🗂，创建新图层并将其命名为"圆孔"。选择"椭圆"工具 ⬭，在椭圆工具"属性"面板中，将"填充颜色"设为白色，"笔触颜色"设为黑色，"笔触"选项设为 5，按住 Shift 键的同时，在舞台窗口中绘制 1 个圆形，效果如图 3-124 所示。

（7）单击"时间轴"面板下方的"新建图层"按钮 🗂，创建新图层并将其命名为"吊绳"。将"库"面板中的图形元件"02"拖曳到舞台窗口中的适当位置，效果如图 3-125 所示。折扣吊签绘制完成，按 Ctrl+Enter 组合键即可查看效果，如图 3-126 所示。

图 3-124

图 3-125

图 3-126

课堂练习——绘制黄昏风景

练习知识要点

　　使用"椭圆"工具，绘制太阳图形；使用"柔化填充边缘"命令，制作太阳光晕；使用"钢笔"工具和"颜料桶"工具，绘制山川图形。完成效果如图 3-127 所示。

扫码观看
本案例视频

图 3-127

效果所在位置

　　云盘/Ch03/效果/绘制黄昏风景.fla。

课后习题——绘制度假卡

习题知识要点

　　使用"矩形"工具、"套索"工具、"钢笔"工具绘制水面图形；使用"钢笔"工具、"水平翻转"

命令制作椰子树图形；使用"直接复制"命令，复制多个图形，效果如图 3-128 所示。

图 3-128

 效果所在位置

云盘/Ch03/效果/绘制度假卡.fla。

04

第4章
编辑文本

本章主要讲解文本的创建和编辑、文本的类型、文本的转换。通过学习这些内容，读者可以充分利用文本工具和命令在动画影片中创建文本内容，编辑和设置文本样式，运用丰富的字体和赏心悦目的文本效果，表现动画要表述的意图。

课堂学习目标

- ✔ 掌握文本的创建方法
- ✔ 掌握文本的属性设置
- ✔ 了解文本的类型
- ✔ 运用文本的转换来编辑文本

4.1 使用文本工具

制作动画时，我们常需要利用文字更清楚地表达自己的创作意图，而创建和编辑文字必须利用 Flash CS6 提供的文本工具才能实现。

4.1.1 创建文本

选择"文本"工具 $\boxed{T}$ ，选择"窗口 > 属性"命令，弹出文本工具"属性"面板，如图 4-1 所示。将鼠标指针放置在场景中，鼠标指针变为十。在场景中单击鼠标，出现文本输入光标，如图 4-2 所示。直接输入文字，效果如图 4-3 所示。

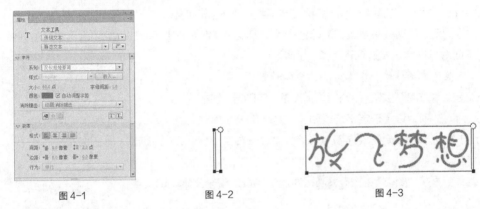

图 4-1   图 4-2   图 4-3

在场景中单击并按住鼠标左键，向右下角方向拖曳出一个文本框，如图 4-4 所示。松开鼠标，出现文本输入光标，如图 4-5 所示。在文本框中输入文字，文字被限定在文本框中，如果输入的文字较多，文字会自动转到下一行显示，如图 4-6 所示。

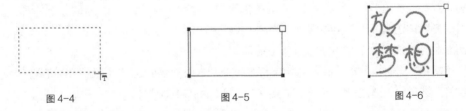

图 4-4   图 4-5   图 4-6

用鼠标指针向左拖曳文本框上方的方形控制点，可以缩小文字的行宽，如图 4-7 和图 4-8 所示；向右拖曳方形控制点可以扩大文字的行宽，如图 4-9 和图 4-10 所示。

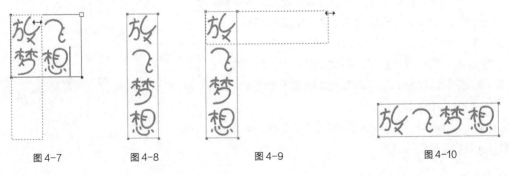

图 4-7   图 4-8   图 4-9   图 4-10

双击文本框上方的方形控制点，文字将转换成单行显示状态，并且方形控制点将转换为圆形控制点，如图4-11和图4-12所示。

图4-11

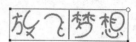

图4-12

4.1.2　文本属性

Flash CS6为用户提供了集合多种文字调整选项的属性面板，包括字符属性（系列、大小、样式、颜色、字母间距、自动调整字距和消除锯齿等）和段落属性（格式、间距、边距和行为等），如图4-13所示。下面对各文字调整选项进行逐一介绍。

1．设置文本的字体、字体大小、样式和颜色

"改变文本方向"按钮 ：可以改变文字的排列方向。

"系列"选项：设定选定字符或整个文本块的文字字体。

"大小"选项：设定选定字符或整个文本块的文字大小。选项值越大，文字越大。

"文本（填充）颜色"按钮 ：为选定字符或整个文本块的文字设定纯色。

2．设置字符与段落

文本排列方式按钮可以将文字以不同的形式进行排列。

"左对齐"按钮 ：将文字以文本框的左边线进行对齐。

"居中对齐"按钮 ：将文字以文本框的中线进行对齐。

"右对齐"按钮 ：将文字以文本框的右边线进行对齐。

图4-13

"两端对齐"按钮 ：将文字以文本框的两端进行对齐。

"字母间距"选项 字母间距:0.0 ：在选定字符或整个文本块的字符之间插入统一的间隔。

"字符"选项组：通过设置下列选项值控制字符之间的相对位置。

"切换上标"按钮 ：可以将水平文本放在基线之上或将垂直文本放在基线的右边。

"切换下标"按钮 ：可以将水平文本放在基线之下或将垂直文本放在基线的左边。

"段落"选项组：通过设置下列选项值调整文本段落的格式。

"缩进"选项 ：用于调整文本段落的首行缩进。

"行距"选项 ：用于调整文本段落的行距。

"左边距"选项 ：用于调整文本段落的左侧间隙。

"右边距"选项 ：用于调整文本段落的右侧间隙。

3．字体呈现方法

Flash CS6中有5种不同的字体呈现选项，如图4-14所示。通过设置可以得到不同的样式。

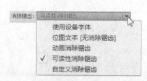

图4-14

"使用设备字体"：此选项生成一个较小的 SWF 文件，使用最终用户计算机上当前安装的字体来呈现文本。

"位图文本[无消除锯齿]"：此选项生成明显的文本边缘，没有消除锯齿。因为此选项生成的 SWF 文件中包含字体轮廓，所以生成的 SWF 文件较大。

"动画消除锯齿"：此选项生成可顺畅进行动画播放的消除锯齿文本。因为在文本动画播放时没有应用对齐和消除锯齿，所以在某些情况下，文本动画还可以更快地播放。在使用带有许多字母的大字体或缩放字体时，可能看不到性能上的提高。因为此选项生成的 SWF 文件中包含字体轮廓，所以生成的 SWF 文件较大。

"可读性消除锯齿"：此选项使用高级消除锯齿引擎，提供了品质最高、最易读的文本。因为此选项生成的文件中包含字体轮廓以及特定的消除锯齿信息，所以生成的 SWF 文件最大。

"自定义消除锯齿"：此选项与"可读性消除锯齿"选项相同，但是可以直观地操作消除锯齿参数，以生成特定外观。此选项在需要为新字体或不常见的字体生成最佳的外观时非常有用。

4. 设置文本超链接

"链接"选项：可以在选项的文本框中直接输入网址，使当前文字成为超级链接文字。

"目标"选项：可以设置超级链接的打开方式，共有 4 种方式供选择。

→ "_blank"：链接页面在新的浏览器中打开。

→ "_parent"：链接页面在父框架中打开。

→ "_self"：链接页面在当前框架中打开。

→ "_top"：链接页面在默认的顶部框架中打开。

选中文字，如图 4-15 所示，选择文本工具"属性"面板，在"链接"选项的文本框中输入链接的网址，如图 4-16 所示。在"目标"选项中设置好打开方式，设置完成后文字的下方出现下划线，表示已经链接，如图 4-17 所示。

| 图 4-15 | 图 4-16 | 图 4-17 |

文本只有在水平方向排列时，超链接功能才可用；当文本为垂直方向排列时，超链接功能不可用。

4.2　文本的类型

在文本工具"属性"面板中，"文本类型"选项的下拉列表中设置了 3 种文本的类型。

4.2.1　静态文本

选择"静态文本"选项，"属性"面板如图 4-18 所示。

图 4-18

"可选"按钮 AB：选择此项，当文件输出为 SWF 格式时，可以对影片中的文字进行选取、复制等操作。

4.2.2　动态文本

选择"动态文本"选项，"属性"面板如图 4-19 所示。动态文本可以作为对象来应用。

"实例名称"选项：可以设置动态文本的名称。

"编辑字符选项"按钮：可以设置对输出或输入文字类型的限制。

"将文本呈现为 HTML"按钮：文本支持 HTML 标签特有的字体格式、超级链接等超文本格式。

"在文本周围显示边框"按钮：可以为文本设置白色的背景和黑色的边框。

"行为"选项：可以设置以下行为。

⊙"单行"：文本以单行方式显示。

⊙"多行"：如果输入的文本大于设置的文本限制，输入的文本将被自动换行。

⊙"多行不换行"：输入的文本为多行时，不会自动换行。

"变量"选项：可以将该文本框定义为保存字符串数据的变量。此选项需结合动作脚本使用。

图 4-19

4.2.3　输入文本

选择"输入文本"选项，"属性"面板如图 4-20 所示。

图 4-20

"行为"选项：其中新增加了"密码"选项，选择此选项，当文件输出为 SWF 格式时，影片中的文字将显示为****。

"最大字符数"选项：可以设置输入文字的字符的最大数值。默认值为 0，即为不限制。如设置数值，此数值即为输出 SWF 文件时，显示文字的最大数目。

4.3 文本的转换

在 Flash CS6 中输入文本后，我们还可以根据设计制作的需要对文本进行编辑，例如对文本进行变形处理或为文本填充渐变色。

4.3.1 变形文本

选中文字，如图 4-21 所示。按两次 Ctrl+B 组合键，将文字打散，效果如图 4-22 所示。

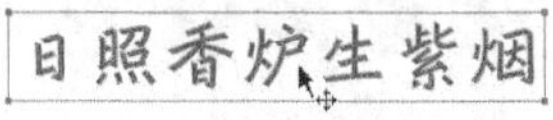

日照香炉生紫烟   日照香炉生紫烟

图 4-21 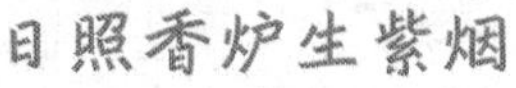   图 4-22

选择"修改 > 变形 > 封套"命令，在文字的周围出现控制点，如图 4-23 所示。拖曳控制点，改变文字的形状，如图 4-24 所示。拖曳结束的效果如图 4-25 所示。

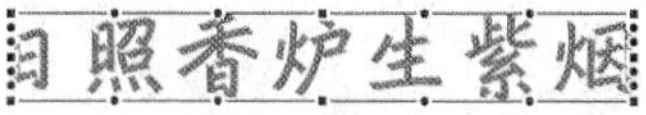

日照香炉生紫烟   日照香炉生紫烟   日照香炉生紫烟

图 4-23 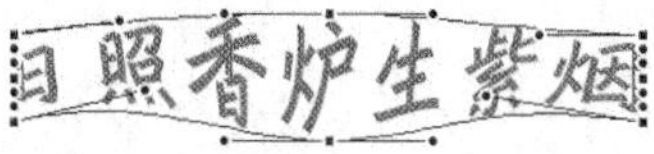   图 4-24 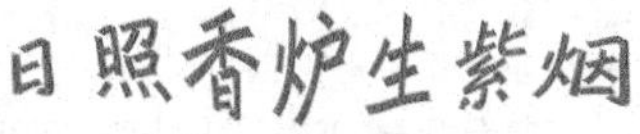   图 4-25

4.3.2 填充文本

选中文字，如图 4-26 所示。按两次 Ctrl+B 组合键，将文字打散，效果如图 4-27 所示。

遥看瀑布挂前川

图 4-26

遥看瀑布挂前川

图 4-27

选择"窗口 > 颜色"命令，弹出"颜色"面板，在"颜色类型"选项的下拉列表中选择"径向渐变"选项，在色带上设置渐变颜色，如图 4-28 所示，文字效果如图 4-29 所示。

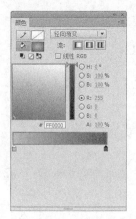

图 4-28

遥看瀑布挂前川

图 4-29

选择"墨水瓶"工具 ，在墨水瓶工具"属性"面板中，设置"笔触颜色"和"笔触大小"，如图 4-30 所示。在文字的外边线上单击，为文字添加外边框，如图 4-31 所示。

图 4-30

遥看瀑布挂前川

图 4-31

4.3.3 课堂案例——制作水果标牌

案例学习目标

使用任意变形工具将文字变形。

案例知识要点

使用"任意变形"工具和"封套"按钮，对文字进行编辑；使用"分离"命令，将文字分离；使用"颜色"面板，填充文字渐变颜色。完成效果如图 4-32 所示。

图 4-32

扫码观看
本案例视频

扫码查看
扩展案例

效果所在位置

云盘/Ch04/效果/制作水果标牌.fla。

（1）选择"文件 > 新建"命令，弹出"新建文档"对话框，在"常规"选项卡中，选择"ActionScript 3.0"选项，将"宽"选项设为 500，"高"选项设为 477，单击"确定"按钮，完成文档的创建。

（2）将"图层 1"重命名为"底图"。选择"文件 > 导入 > 导入到舞台"命令，在弹出的"导入"对话框中，选择云盘中的"Ch04 > 素材 > 制作水果标牌 > 01"文件，单击"打开"按钮，文件被导入到舞台窗口中，效果如图 4-33 所示。

（3）在"时间轴"面板中新建图层并将其命名为"文字"。选择"文本"工具 T，在文本工具"属性"面板中进行设置，在舞台窗口中适当的位置输入大小为 20，字体为"方正正粗黑简体"的深绿色（#013D01）文字，文字效果如图 4-34 所示。

（4）在"时间轴"面板中新建图层并将其命名为"变形文字"。在文本工具"属性"面板中进行设置，在舞台窗口中适当的位置输入大小为 50，字体为"方正正粗黑简体"的黑色文字，文字效果如图 4-35 所示。

图 4-33

图 4-34

图 4-35

（5）选中"变形文字"图层，选择"任意变形"工具 ，选中文字，按两次 Ctrl+B 组合键，将文字打散。单击工具箱下方的"封套"按钮 ，在文字周围出现控制手柄，如图 4-36 所示。调整各个控制手柄将文字变形，效果如图 4-37 所示。选择"选择"工具，在舞台窗口中将图形拖曳到适当的位置，效果如图 4-38 所示。

图 4-36   图 4-37   图 4-38

（6）选择"窗口 > 颜色"命令，弹出"颜色"面板，选择"填充颜色"选项，在"颜色类型"选项的下拉列表中选择"线性渐变"，在色带上将左边的颜色控制点设为红色（#FF0500），将右边的颜色控制点设为黄色（#FFFF00），生成渐变色，如图 4-39 所示。

（7）保持文字的选取状态，选择"颜料桶"工具，从文字的下方向上拖曳渐变色，如图 4-40 所示。松开鼠标后，渐变色角度被调整，取消文字的选取状态，效果如图 4-41 所示。

图 4-39   图 4-40   图 4-41

（8）在"时间轴"面板中选中"变形文字"图层，选中该层中所有对象。按 Ctrl+C 组合键，将其复制。在"时间轴"面板中新建图层并将其命名为"阴影"。按 Ctrl+Shift+V 组合键，将复制的对象原位粘贴到"阴影"图层中。在工具箱中将"填充颜色"设为灰色（#999999），效果如图 4-42 所示。

（9）保持文字的选取状态，选择"修改 > 形状 > 柔化填充边缘"命令，弹出"柔化填充边缘"对话框，在"距离"选项的数值框中输入 5，"步长数"选项的数值框中输入 3，选择"扩展"选项，如图 4-43 所示。单击"确定"按钮，效果如图 4-44 所示。

图 4-42   图 4-43   图 4-44

（10）将"阴影"图层拖曳到"变形文字"图层的下方，如图 4-45 所示。水果标牌制作完成，按 Ctrl+Enter 组合键即可查看效果，效果如图 4-46 所示。

图 4-45

图 4-46

课堂练习——制作促销贴

练习知识要点

使用"钢笔"工具，绘制图形；使用"扩展填充"命令，缩放图形的大小；使用"文本"工具，输入标题文字；使用"分离"命令，将文字打散；使用"任意变形"工具和"封套"按钮，对文字进行编辑。完成效果如图 4-47 所示。

图 4-47

扫码观看
本案例视频

效果所在位置

云盘/Ch04/效果/制作促销贴.fla。

课后习题——制作马戏团标志

习题知识要点

使用"文本"工具，输入文字；使用"分离"命令，将文字打散；使用"墨水瓶"工具，为文

字添加轮廓效果；使用"颜色"面板和"颜料桶"工具，为文字添加渐变色。完成效果如图 4-48
所示。

图 4-48

 效果所在位置

云盘/Ch04/效果/制作马戏团标志.fla。

05

第 5 章
外部素材的使用

　　Flash CS6 可以导入外部的图像和视频素材来增强动画效果。本章主要讲解导入外部素材以及设置外部素材属性的方法。通过学习这些内容，读者可以了解并掌握如何应用 Flash CS6 的强大功能来处理和编辑外部素材，使其与内部素材充分结合，从而制作出更加生动的动画作品。

课堂学习目标

- ✔ 了解图像和视频素材的格式
- ✔ 掌握图像素材的导入和编辑方法
- ✔ 掌握视频素材的导入和编辑方法

5.1　图像素材

在制作动画时想要使用图像、视频、声音等外部素材文件，都必须先导入它们，因此需要先了解素材的种类及其文件格式。通常按照素材属性和作用可以将素材分为 3 种类型，即图像素材、视频素材和音频素材。下面具体讲解图像素材。

5.1.1　图像素材的格式

Flash CS6 可以导入各种文件格式的矢量图形和位图。矢量格式包括 FreeHand 文件、Adobe Illustrator 文件（可以导入版本 6 或更高版本的 Adobe Illustrator 文件）、EPS 文件（任何版本的 EPS 文件）或 PDF 文件（版本 1.4 或更低版本的 PDF 文件）；位图格式包括 JPG、GIF、PNG、BMP 等格式。

FreeHand 文件：在 Flash CS6 中导入 FreeHand 文件时，可以保留层、文本块、库元件和页面，还可以选择要导入的页面范围。

Adobe Illustrator 文件：此文件支持对曲线、线条样式和填充信息的精确转换。

EPS 文件或 PDF 文件：可以导入任何版本的 EPS 文件、版本 1.4 或更低版本的 PDF 文件。

JPG 格式：是一种压缩格式，可以应用不同的压缩比例对文件进行压缩。压缩后文件质量损失小，文件体积将大大减小。

GIF 格式：即位图交换格式，是一种 256 色的位图格式，压缩率略低于 JPG 格式。

PNG 格式：能把位图文件压缩到极限以利于网络传输，又能保留所有与位图品质有关的信息。PNG 格式支持透明位图。

BMP 格式：在 Windows 环境下使用最为广泛，而且使用时最不容易出问题。但由于文件体积较大，一般在网上传输时，不考虑使用该格式。

5.1.2　导入图像素材

Flash CS6 可以识别多种不同的位图和矢量图的文件格式，可以通过导入或粘贴的方法将素材引入 Flash CS6。

1. 导入到舞台

（1）导入位图到舞台：导入位图到舞台上时，舞台上显示出该位图，位图同时被保存在"库"面板中。

选择"文件 > 导入 > 导入到舞台"命令，弹出"导入"对话框，在对话框中选中要导入的位图图片"01"，如图 5-1 所示。单击"打开"按钮，弹出提示对话框，如图 5-2 所示。

"是"按钮：单击此按钮，将会导入一组序列文件。

"否"按钮：单击此按钮，只导入当前选择的文件。

"取消"按钮：单击此按钮，将取消当前操作。

当单击"否"按钮时，选择的位图"01"被导入舞台，如图 5-3 所示。这时，"库"面板和"时间轴"所显示的效果如图 5-4 和图 5-5 所示。

图 5-1

图 5-2

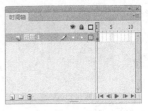

图 5-3

图 5-4

图 5-5

当单击"是"按钮时，位图图片"01～05"全部被导入到舞台上，如图 5-6 所示。这时，"库"面板和"时间轴"所显示的效果如图 5-7 和图 5-8 所示。

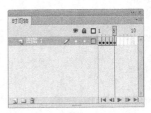

图 5-6

图 5-7

图 5-8

可以用各种方式将多种位图导入 Flash CS6，并且可以从 Flash CS6 中启动 Fireworks 或其他外部图像编辑器，从而在这些编辑器中修改导入的位图。可以对导入的位图应用压缩和消除锯齿功能，从而控制位图在 Flash CS6 中的大小和外观，还可以将导入的位图作为填充应用到对象中。

（2）导入矢量图到舞台：导入矢量图到舞台上时，舞台上显示该矢量图，但矢量图并不会被保存到"库"面板中。

选择"文件 > 导入 > 导入到舞台"命令，弹出"导入"对话框，在对话框中选中需要的文件，单击"打开"按钮，弹出对话框，所有选项为默认值，如图 5-9 所示。单击"确定"按钮，矢量图被导入到舞台，如图 5-10 所示。此时，查看"库"面板，并没有保存矢量图。

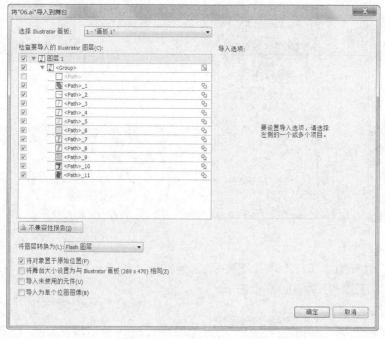

图 5-9

图 5-10

2. 导入到库

（1）导入位图到库：导入位图到"库"面板时，舞台上不显示该位图，只在"库"面板中显示。

选择"文件 > 导入 > 导入到库"命令，弹出"导入到库"对话框，在对话框中选中文件，单击"打开"按钮，位图被导入到"库"面板中，如图 5-11 所示。

（2）导入矢量图到库：导入矢量图到"库"面板时，舞台上不显示该矢量图，只在"库"面板中显示。

选择"文件 > 导入 > 导入到库"命令，弹出"导入到库"对话框，在对话框中选中文件，单击"打开"按钮，弹出对话框，单击"确定"按钮，矢量图被导入到"库"面板中，如图 5-12 所示。

图 5-11

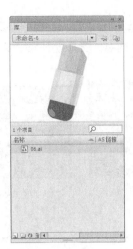

图 5-12

5.1.3 将位图转换为图形

使用 Flash CS6 可以将位图分离为可编辑的图形，但仍然保留位图原来的细节。分离位图后，可以使用绘画工具和涂色工具来选择或修改位图的区域。

在舞台中导入位图。选择"刷子"工具，在位图上绘制线条，如图 5-13 所示。松开鼠标后，线条只能在位图下方显示，如图 5-14 所示。

图 5-13

图 5-14

在舞台中选中导入的位图，选择"修改 > 分离"命令，将位图打散，如图 5-15 所示。对打散后的位图进行编辑。选择"刷子"工具，在位图上进行绘制，如图 5-16 所示。

选择"选择"工具，改变图形形状或删减图形，如图 5-17 和图 5-18 所示。

图 5-15

图 5-16

图 5-17

图 5-18

选择"橡皮擦"工具，擦除图形，如图 5-19 所示。选择"墨水瓶"工具，为图形添加外边框，如图 5-20 所示。

　　选择"套索"工具 ，选中工具箱下方的"魔术棒"按钮，在图形的背景上单击鼠标，将图形上的背景部分选中，按 Delete 键，删除选中的图形，如图 5-21 和图 5-22 所示。

图 5-19　　　　　　　　图 5-20　　　　　　　　图 5-21　　　　　　　　图 5-22

> **提示**
>
> 　　将位图转换为图形后，图形不再链接到"库"面板中的位图组件。也就是说，修改打散后的图形不会对"库"面板中相应的位图组件产生影响。

5.1.4　将位图转换为矢量图

　　分离图像命令仅仅是将图像打散成矢量图形，但该矢量图还是作为一个整体。如果用"颜料桶"工具填充的话，整个图形将作为一个整体被填充。但有时用户需要修改图像的局部，Flash CS6 提供的"转换位图为矢量图"命令可以将图像按照颜色区域打散，这样就可以修改图像的局部。

　　选中位图，如图 5-23 所示，选择"修改 > 位图 > 转换位图为矢量图"命令，弹出"转换位图为矢量图"对话框，设置数值，如图 5-24 所示。单击"确定"按钮，位图转换为矢量图，如图 5-25 所示。

图 5-23　　　　　　　　　　　图 5-24　　　　　　　　　　　图 5-25

　　"转换位图为矢量图"对话框中的各选项含义如下。

　　"颜色阈值"选项：设置将位图转化成矢量图形时的色彩细节。数值的输入范围为 0～500，该值越大，图像越细腻。

　　"最小区域"选项：设置将位图转化成矢量图形时的色块大小。数值的输入范围为 0～1000，该值越大，色块越大。

　　"角阈值"选项：定义角转化的精细程度。

　　"曲线拟合"选项：设置在转换过程中对色块处理的精细程度。图形转化时边缘越光滑，原图像的失真程度越高。

5.1.5 课堂案例——制作汉堡广告

案例学习目标

使用"转换位图"为矢量图命令将位图转换为矢量图。

案例知识要点

使用"导入到库"命令，将素材导入到"库"面板；使用"转换位图为矢量图"命令，将位图转换为矢量图形。完成效果如图 5-26 所示。

图 5-26

效果所在位置

云盘/Ch05/效果/制作汉堡广告.fla。

（1）选择"文件 > 新建"命令，弹出"新建文档"对话框，在"常规"选项卡中，选择"ActionScript 3.0"选项，将"宽"选项设为 400，"高"选项设为 566，单击"确定"按钮，完成文档的创建。

（2）将"图层 1"重命名为"底图"，选择"文件 > 导入 > 导入到舞台"命令，在弹出的"导入到舞台"对话框中，选择云盘中的"Ch05 > 素材 > 制作汉堡广告 > 01"文件，单击"打开"按钮，文件被导入到舞台窗口，如图 5-27 所示。

（3）选择"修改 > 位图 > 转换位图为矢量图"命令，弹出"转换位图为矢量图"对话框，在对话框中进行设置，如图 5-28 所示。单击"确定"按钮，效果如图 5-29 所示。

图 5-27

图 5-28

图 5-29

（4）选择"文件 > 导入 > 导入到库"命令，在弹出的"导入到库"对话框中，选择云盘中的
"Ch05 > 素材 > 制作汉堡广告 > 02、03"文件，单击"打开"按钮，将文件导入到"库"面板，
如图 5-30 所示。

（5）单击"时间轴"面板下方的"新建图层"按钮，创建新图层并将其命名为"汉堡"。将"库"
面板中的位图"02"拖曳到舞台窗口中适当的位置，效果如图 5-31 所示。

（6）单击"时间轴"面板下方的"新建图层"按钮，创建新图层并将其命名为"文字"，如图
5-32 所示。将"库"面板中的位图"03"拖曳到舞台窗口中适当的位置。汉堡广告制作完成，按
Ctrl+Enter 组合键即可查看效果，效果如图 5-33 所示。

图 5-30   图 5-31   图 5-32   图 5-33

5.2   视频素材

在应用 Flash CS6 制作动画的过程中，我们可以导入外部的视频素材并将其应用到动画作品中，
并可以根据需要导入不同格式的视频素材并设置视频素材的属性。

5.2.1   视频素材的格式

Flash CS6 对导入的视频格式作了严格的限制，只能导入 FLV（Flash Video）和 F4V 格式的
视频，而 FLV 视频格式是当前网页视频的主流格式。

5.2.2   导入视频素材

F4V 是 Adobe 公司为了迎接高清时代而推出的继 FLV 格式后的支持 H.264 的 F4V 流媒体格式。
它和 FLV 主要的区别在于，FLV 格式采用的是 H.263 编码，而 F4V 则支持 H.264 编码，视频码率
最高可达 50Mbps。

FLV 文件可以导入或导出带编码音频的静态视频流，使用于通信应用程序，例如视频会议或包
含从 Adobe 的 Macromedia Flash Media Server 中导出的屏幕共享编码数据的文件。

要导入 FLV 格式的文件，可以选择"文件 > 导入 > 导入到舞台"命令，在弹出的"导入"对
话框中选择要导入的 FLV 视频，单击"打开"按钮，弹出"选择视频"对话框，在对话框中选择"在
SWF 中嵌入 FLV 并在时间轴中播放"选项，如图 5-34 所示。单击"下一步"按钮，进入"嵌入"
对话框，如图 5-35 所示。

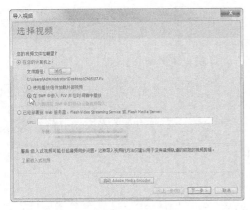

图 5-34

图 5-35

单击"下一步"按钮，弹出"完成视频导入"对话框，如图 5-36 所示。单击"完成"按钮完成视频的编辑，效果如图 5-37 所示。

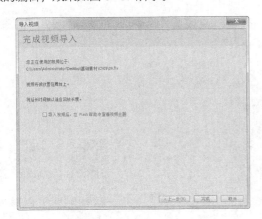

图 5-36

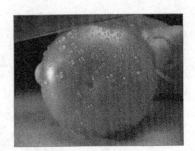

图 5-37

此时，"时间轴"和"库"面板中的效果如图 5-38 和图 5-39 所示。

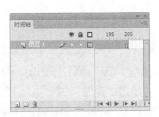

图 5-38

图 5-39

5.2.3 视频的属性

在属性面板中可以更改导入视频的属性。选中视频，选择"窗口 > 属性"命令，弹出视频"属性"面板，如图 5-40 所示。

"实例名称"选项：可以在选项的文本框中设定嵌入视频的名称。

"交换"按钮：单击此按钮，弹出"交换嵌入视频"对话框，可以将视频剪辑与另一个视频剪辑交换。

"X""Y"选项：可以设定视频在场景中的位置。

"宽""高"选项：可以设定视频的宽度和高度。

图 5-40

5.2.4　课堂案例——制作旅游胜地精选

案例学习目标

使用"导入视频"命令导入视频，制作旅游胜地精选。

案例知识要点

使用"导入视频"命令，导入视频；使用"任意变形"工具，调整视频的大小；使用"遮罩"命令，调整视频的显示外观。完成效果如图 5-41 所示。

图 5-41

效果所在位置

云盘/Ch05/效果/制作旅游胜地精选.fla。

（1）选择"文件 > 新建"命令，弹出"新建文档"对话框，在"常规"选项卡中，选择"ActionScript 3.0"选项，将"宽度"选项设为 700，"高度"选项设为 700，单击"确定"按钮，完成页面的创建。

（2）将"图层 1"重命名为"底图"，如图 5-42 所示。选择"文件 > 导入 > 导入到库"命令，在弹出的"导入到库"对话框中，选择云盘中的"Ch05 > 素材 > 制作旅游胜地精选 > 01、02"文件，单击"打开"按钮，文件被导入到"库"面板中，如图 5-43 所示。将"库"面板中的位图"01"拖曳到舞台窗口中，如图 5-44 所示。

（3）在"时间轴"面板中新建图层并将其命名为"装饰"。将"库"面板中的位图"02"拖曳到舞台窗口中，如图 5-45 所示。

图 5-42

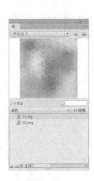

图 5-43

图 5-44

（4）在"时间轴"面板中创建新图层并将其命名为"视频"。选择"文件 > 导入 > 导入视频"命令，弹出"导入视频"对话框，单击"浏览"按钮，在弹出的"打开"对话框中，选择云盘中的"Ch05 > 素材 > 制作旅游胜地精选 > 03"文件，单击"打开"按钮，返回到对话框中，选中"在 SWF 中嵌入 FLV 并在时间轴中播放"选项，如图 5-46 所示。

图 5-45

图 5-46

（5）单击"下一步"按钮，进入"嵌入"对话框，再次单击"下一步"按钮，进入"选择视频导入"对话框，单击"完成"按钮，视频文件被导入到舞台窗口，如图 5-47 所示。"时间轴"面板如图 5-48 所示。

图 5-47

图 5-48

（6）分别选中"底图""装饰"图层的第 181 帧，按 F5 键，插入普通帧。选择"视频"图层，选择"任意变形"工具 ，在视频周围出现控制手柄，调整视频的大小并拖曳到适当的位置，效果如图 5-49 所示。

（7）在"时间轴"面板中创建新图层并将其命名为"遮罩"。选择"椭圆"工具 ，在工具箱中将"笔触颜色"设为无，"填充颜色"设为橘黄色（#E94F06），按住 Shift 键的同时绘制圆形，如

图 5-50 所示。

图 5-49

图 5-50

（8）用鼠标右键单击"遮罩"图层的图层名称，在弹出的快捷菜单中选择"遮罩层"命令，将"遮罩"图层设为遮罩的层，"视频"图层设为被遮罩的层，"时间轴"面板如图 5-51 所示，效果如图 5-52 所示。

图 5-51

图 5-52

（9）将"装饰"图层拖曳到"遮罩"图层的上方，如图 5-53 所示。旅游胜地精选制作完成，按 Ctrl+Enter 组合键即可查看效果，效果如图 5-54 所示。

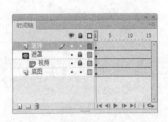
图 5-53

图 5-54

课堂练习——制作冰啤广告

 练习知识要点

使用"导入到库"命令，将素材导入到"库"面板中；使用"转换位图为矢量图"命令，将位图转换为矢量图形。完成效果如图 5-55 所示。

图 5-55

扫码观看
本案例视频

效果所在位置

云盘/Ch05/效果/制作冰啤广告.fla。

课后习题——制作餐饮广告

习题知识要点

使用"导入视频"命令，导入视频；使用"任意变形"工具，调整视频的大小；使用"矩形"工具，绘制视频边框。完成效果如图 5-56 所示。

图 5-56

扫码观看
本案例视频

效果所在位置

云盘/Ch05/效果/制作餐饮广告.fla。

06

第 6 章
元件和库

　　Flash CS6 可以导入外部的图像和视频素材来增强动画效果。本章主要讲解导入外部素材以及设置外部素材属性的方法。通过学习这些内容，读者可以了解并掌握如何应用 Flash CS6 的强大功能来处理和编辑外部素材，使其与内部素材充分结合，从而制作出更加生动的动画作品。

课堂学习目标

- ✔ 了解元件的类型
- ✔ 掌握元件的创建方法
- ✔ 掌握元件的引用方法
- ✔ 运用库面板编辑元件

6.1 元件的 3 种类型

在 Flash CS6 的舞台上，经常要有一些对象进行"表演"，当不同的"舞台剧幕"上有相同的对象进行表演时，若还要重新建立并使用这些重复对象，动画文件会非常大。另外，如果动画中使用很多重复的对象而不使用元件，装载时就要不断地重复装载对象，也就增加了动画演示时间。因此，Flash CS6 引入元件的概念，所谓元件就是可以被不断重复使用的特殊对象。当不同的舞台剧幕上有相同的对象进行"表演"时，用户可先建立该对象的元件，需要时只需在舞台上创建该元件的实例即可。因为实例是元件在场景中的表现形式，也是元件在舞台上的一次具体使用。演示动画时重复创建元件的实例只加载一次，所以使用元件不会增加动画文件的大小。

6.1.1 图形元件

图形元件🖼有自己的编辑区和时间轴，一般用于创建静态图像或创建可重复使用的、与主时间轴关联的动画。如果在场景中创建元件的实例，那么实例将受到主场景中时间轴的约束。换句话说，图形元件中的时间轴与其实例在主场景的时间轴是同步的。另外，我们可以在图形元件中使用矢量图、图像、声音和动画等元素，但不能为图形元件提供实例名称，也不能在动作脚本中引用图形元件，并且声音在图形元件中会失效。

6.1.2 按钮元件

按钮元件🔘主要是创建能激发某种交互行为的按钮。创建按钮元件的关键是设置 4 种不同状态的帧，即"弹起"（鼠标抬起）、"指针经过"（鼠标移入）、"按下"（鼠标按下）、"点击"（鼠标响应区域，在这个区域创建的图形不会出现在画面中）。

6.1.3 影片剪辑元件

影片剪辑元件🎬也像图形元件一样有自己的编辑区和时间轴，但又不完全相同。影片剪辑元件的时间轴是独立的，它不受其实例在主场景时间轴（主时间轴）的控制。比如，在场景中创建影片剪辑元件的实例，此时即便场景中只有一帧，在发布作品时电影片段中也可播放动画。另外，我们可以在影片剪辑元件中使用矢量图、图像、声音、影片剪辑元件、图形组件、按钮组件等，并且能在动作脚本中引用影片剪辑元件。

6.2 创建元件

在创建元件时，可根据作品的需要来判断元件的类型。

6.2.1 创建图形元件

选择"插入 > 新建元件"命令，弹出"创建新元件"对话框，在"名称"选项的文本框中输入"卡通猫"，在"类型"选项的下拉列表中选择"图形"选项，如图 6-1 所示。

单击"确定"按钮，创建一个新的图形元件"卡通猫"。图形元件的名称出现在舞台的左上方，舞台切换到图形元件"卡通猫"的窗口，窗口中间出现十字"+"，代表图形元件的中心定位点，如图 6-2 所示。在"库"面板中显示该图形元件，如图 6-3 所示。

图 6-1

选择"文件 > 导入 > 导入到舞台"命令，弹出"导入"对话框，在弹出的对话框中，选择云盘中的"基础素材 > Ch06 > 01"文件，单击"打开"按钮，将素材导入到舞台，完成图形元件的创建，如图 6-4 所示。单击舞台窗口左上方的"场景 1"图标 场景 1，就可以返回到场景的编辑舞台。

图 6-2　　　　　　　　　图 6-3　　　　　　　　　图 6-4

6.2.2　创建按钮元件

虽然 Flash CS6 库中提供了一些按钮，但如果需要使用复杂的按钮，还是需要自己创建。

选择"插入 > 新建元件"命令，弹出"创建新元件"对话框，在"名称"选项的文本框中输入"卡通苹果"，在"类型"选项的下拉列表中选择"按钮"选项，如图 6-5 所示。

单击"确定"按钮，创建一个新的按钮元件"卡通苹果"。按钮元件的名称出现在舞台的左上方，舞台切换到按钮元件"卡通苹果"的窗口，窗口中间出现十字"+"，代表按钮元件的中心定位点。在"时间轴"窗口中显示 4 个状态帧："弹起""指针经过""按下""点击"，如图 6-6 所示。

图 6-5

"弹起"帧：设置鼠标指针不在按钮上时按钮的外观。

"指针经过"帧：设置鼠标指针放在按钮上时按钮的外观。

"按下"帧：设置按钮被单击时的外观。

"点击"帧：设置响应鼠标单击的区域。此区域在影片里不可见。

"库"面板中的效果如图 6-7 所示。

图 6-6

图 6-7

选择"文件 > 导入 > 导入到库"命令，在弹出的"导入到库"对话框中，选中需要的文件，单击"打开"按钮，将选中的素材导入到"库"面板中，如图 6-8 所示。将"库"面板中的图形元件"02"拖曳到舞台窗口中，并放置在适当的位置，如图 6-9 所示。在"时间轴"面板中选中"指针经过"帧，按 F7 键，插入空白关键帧。

图 6-8

图 6-9

将"库"面板中的图形元件"03"拖曳到舞台窗口中，并放置在适当的位置，如图 6-10 所示。在"时间轴"面板中选中"按下"帧，按 F7 键，插入空白关键帧。将"库"面板中的图形元件"04"拖曳到舞台窗口中，并放置在适当的位置，如图 6-11 所示。

图 6-10

图 6-11

在"时间轴"面板中选中"点击"帧，按F7键，插入空白关键帧。选择"矩形"工具▣，在工具箱中将"笔触颜色"设为无，"填充颜色"设为黑色，在舞台窗口中绘制出1个矩形，作为按钮动画应用时鼠标响应的区域，如图6-12所示。

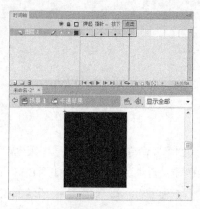

图6-12

按钮元件制作完成，在各关键帧上，舞台中显示的图形如图6-13所示。单击舞台窗口左上方的"场景1"图标▣ 场景 1，就可以返回到场景1的编辑舞台。

图6-13

6.2.3 创建影片剪辑元件

选择"插入 > 新建元件"命令，弹出"创建新元件"对话框，在"名称"选项的文本框中输入"变形"，在"类型"选项的下拉列表中选择"影片剪辑"选项，如图6-14所示。

图6-14

单击"确定"按钮，创建一个新的影片剪辑元件"变形"。影片剪辑元件的名称出现在舞台的左上方，舞台切换到影片剪辑元件"变形"的窗口，窗口中间出现十字"+"，代表影片剪辑元件的中心定位点，如图6-15所示。在"库"面板中显示出该影片剪辑元件，如图6-16所示。

图 6-15

图 6-16

选择"椭圆"工具 ，在工具箱中将"笔触颜色"设为无，"填充颜色"设为红色（#FF3300），在中心点上绘制 1 个圆形，如图 6-17 所示。选中第 10 帧，插入空白关键帧，如图 6-18 所示。

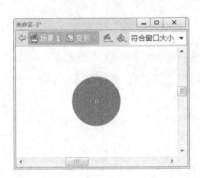

图 6-17

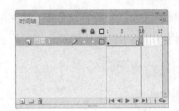

图 6-18

选择"多角星形"工具 ，在工具"属性"面板中进行设置，在舞台窗口中绘制 1 个黄色（#FFCC00）的五角星，如图 6-19 所示。用鼠标右键点击第 1 帧，在弹出的快捷菜单中选择"创建补间形状"命令，生成形状补间动画，如图 6-20 所示。

图 6-19

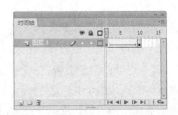

图 6-20

影片剪辑元件制作完成，在不同的关键帧上，舞台中显示出不同的变形图形，如图 6-21 所示。单击舞台窗口左上方的"场景 1"图标 ，就可以返回到场景的编辑舞台。

| 第1帧 | 第3帧 | 第5帧 | 第7帧 | 第10帧 |

图 6-21

6.3 元件的引用——实例

实例是元件在舞台上的一次具体使用。当修改元件时，该元件的实例也随之被更改。重复使用实例不会增加动画文件的大小，这是使动画文件保持较小体积的一个很好的策略。每一个实例都有区别于其他实例的属性，这可以通过修改该实例属性面板的相关属性来实现。

6.3.1 建立实例

1. 建立图形元件的实例

选择"窗口 > 库"命令，弹出"库"面板，在面板中选中图形元件"卡通猫"，如图 6-22 所示。将其拖曳到场景中，场景中的图形就是图形元件"卡通猫"的实例，如图 6-23 所示。选中该实例，图形"属性"面板中的效果如图 6-24 所示。

图 6-22

图 6-23

图 6-24

"交换"按钮：用于交换元件。

"X""Y"选项：用于设置实例在舞台中的位置。

"宽""高"选项：用于设置实例的宽度和高度。

"色彩效果"选项组中各选项的含义如下。

"样式"选项：用于设置实例的明亮度、色调和透明度。

"循环"选项组"选项"的下拉列表中各选项的含义如下。

"循环"：按照当前实例占用的帧数来循环包含在该实例内的所有动画序列。

"播放一次"：从指定的帧开始播放动画序列，直到动画结束，然后停止。

"单帧": 显示动画序列的一帧。

"第一帧"选项: 用于指定动画从哪一帧开始播放。

2. 建立按钮元件的实例

在"库"面板中选择按钮元件"卡通苹果",如图 6-25 所示。将该元件拖曳到场景中,场景中的图形就是按钮元件"卡通苹果"的实例,如图 6-26 所示。

选中该实例,其"属性"面板中的设置如图 6-27 所示。

图 6-25 　　　　　　　　　　　　 图 6-26 　　　　　　　　　　　　 图 6-27

"实例名称"选项: 可以在选项的文本框中为实例设置一个新的名称。

"音轨"选项组的"选项"的下拉列表中各选项的含义如下。

"音轨作为按钮": 选择此选项,在动画运行中,当按钮元件被按下时,画面上的其他对象不再响应鼠标操作。

"音轨作为菜单项": 选择此选项,在动画运行中,当按钮元件被按下时,其他对象还会响应鼠标操作。

按钮"属性"面板中的其他选项与图形"属性"面板中的选项作用相同,不再一一介绍。

3. 建立影片剪辑元件的实例

在"库"面板中选择影片剪辑元件"变形",如图 6-28 所示。将该元件拖曳到场景中,场景中的图形就是影片剪辑元件"变形"的实例,如图 6-29 所示。

选中该实例,影片剪辑"属性"面板中的效果如图 6-30 所示。

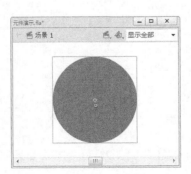

图 6-28 　　　　　　　　　　　　 图 6-29 　　　　　　　　　　　　 图 6-30

影片剪辑"属性"面板中的选项与图形"属性"面板、按钮"属性"面板中的选项作用相同，不再一一介绍。

6.3.2 改变实例的颜色和透明效果

每个实例都有自己的颜色和透明度，要修改它们，可先在舞台中选择实例，然后修改属性面板中的相关属性。

在舞台中选中实例，在"属性"面板中选择"样式"选项的下拉列表，如图 6-31 所示。

"无"选项：表示对当前实例不进行任何更改。如果对实例以前做的变化效果不满意，可以选择此选项，取消实例的变化效果，再重新设置新的效果。

"亮度"选项：用于调整实例的明暗对比度。可以在"亮度"选项的数值框中直接输入数值，也可以拖动右侧的滑块来设置数值，如图 6-32 所示。其默认的数值为 0，取值范围为-100～100。当取值大于 0 时，实例变亮；当取值小于 0 时，实例变暗。

图 6-31

图 6-32

"色调"选项：用于为实例增加颜色。在"色调"选项的数值框中设置数值，如图 6-33 所示。数值范围为 0～100。当数值为 0 时，实例颜色将不受影响；当数值为 100 时，实例的颜色将完全被所选颜色取代。也可以在"红、绿、蓝"选项的数值框中输入数值来设置颜色。

"Alpha"选项：用于设置实例的透明效果，如图 6-34 所示。数值范围为 0～100。当数值为 0 时，实例不透明；当数值为 100 时，实例不变。

图 6-33

图 6-34

"高级"选项：用于设置实例的颜色和透明效果，可以分别调节"Alpha""红""绿"和"蓝"的值。

6.3.3 分离实例

实例并不能像一般图形一样可以对其单独修改填充色或线条，如果要对实例进行这些修改，必须将实例分离成图形，断开实例与元件之间的链接。在 Flash CS6 中可以使用"分离"命令分离实例，在分离实例之后，修改该实例的元件并不会更新这个元件的实例。

选中实例，如图 6-35 所示，多次按 Ctrl+B 组合键，将实例分离为图形，即分离为填充色和线条的组合，如图 6-36 所示。使用"颜料桶"工具，可改变图形的填充色，如图 6-37 所示。

图 6-35   图 6-36   图 6-37

6.3.4 课堂案例——制作动态菜单

案例学习目标

使用"库"面板制作按钮及影片剪辑元件。

案例知识要点

使用"创建元件"命令，创建图形、影片剪辑和按钮等元件；使用"属性"面板，改变图像的色调显示效果。完成效果如图 6-38 所示。

扫码观看
本案例视频

扫码查看
扩展案例

图 6-38

效果所在位置

云盘/Ch06/效果/制作动态菜单.fla。

1．导入素材制作图形元件

（1）选择"文件 > 新建"命令，弹出"新建文档"对话框，在"常规"选项卡中选择"ActionScript 3.0"选项，将"宽度"选项设为750，"高度"选项设为500，单击"确定"按钮，完成页面的创建。

（2）将"图层1"重命名为"底图"，如图6-39所示。选择"文件 > 导入 > 导入到库"命令，在弹出的"导入"对话框中，选择云盘中的"Ch06 > 素材 > 制作动态菜单 > 01～05"文件，单击"打开"按钮，文件被导入到"库"面板中，如图6-40所示。将"库"面板中的位图"01"拖曳到舞台窗口，并放置在与舞台中心重叠的位置，如图6-41所示。

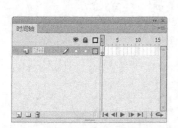
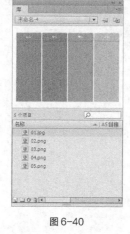
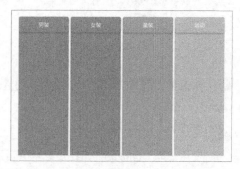

图6-39　　　　　　　　　　图6-40　　　　　　　　　　　　图6-41

（3）在"库"面板下方单击"新建元件"按钮，弹出"创建新元件"对话框，在"名称"选项的文本框中输入"女装"，在"类型"选项的下拉列表中选择"图形"选项，单击"确定"按钮，新建图形元件"女装"，如图6-42所示。舞台窗口也随之转换为图形元件的舞台窗口。

（4）将"库"面板中的位图"02"拖曳到舞台窗口，如图6-43所示。用相同的方法分别用"库"面板中的位图"03""04"和"05"文件，制作图形元件"童装""男装"和"运动"，如图6-44所示。

图6-42　　　　　　　　　　图6-43　　　　　　　　　　　图6-44

2. 制作影片剪辑

（1）在"库"面板下方单击"新建元件"按钮，弹出"创建新元件"对话框，在"名称"选项的文本框中输入"女装闪"，在"类型"选项的下拉列表中选择"影片剪辑"选项，单击"确定"按钮，新建影片剪辑元件"女装闪"，如图 6-45 所示。舞台窗口也随之转换为影片剪辑元件的舞台窗口。

（2）将"库"面板中的图形元件"女装"拖曳到舞台窗口，如图 6-46 所示。选中"图层 1"的第 5 帧，按 F5 键，插入普通帧。选中"图层 1"的第 3 帧，按 F6 键，插入关键帧，如图 6-47 所示。

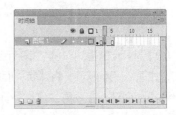

图 6-45　　　　　　　　　　图 6-46　　　　　　　　　　图 6-47

（3）选择"选择"工具，选中"女装"实例，在图形"属性"面板中选择"色彩效果"选项组，在"样式"选项的下拉列表中选择"色调"，各选项的设置如图 6-48 所示。舞台窗口中的效果如图 6-49 所示。

（4）用相同的方法分别用"库"面板中的图形元件"男装""童装"和"运动"实例，制作影片剪辑元件"男装闪""童装闪"和"运动闪"，如图 6-50 所示。

图 6-48　　　　　　　　　　图 6-49　　　　　　　　　　图 6-50

3. 制作按钮元件

（1）在"库"面板下方单击"新建元件"按钮，弹出"创建新元件"对话框，在"名称"选项

的文本框中输入"女"，在"类型"选项的下拉列表中选择"按钮"选项，单击"确定"按钮，新建
按钮元件"女"，如图 6-51 所示。舞台窗口也随之转换为按钮元件的舞台窗口。

（2）将"库"面板中的图形元件"女装"拖曳到舞台窗口，在图形"属性"面板中，将"X"选
项和"Y"选项均设为 0，如图 6-52 所示。效果如图 6-53 所示。

图 6-51

图 6-52

图 6-53

（3）选择"图层 1"的"指针经过"帧，按 F7 键，插入空白关
键帧，如图 6-54 所示。将"库"面板中的影片剪辑元件"女装闪"
拖曳到舞台窗口，在图形"属性"面板中，将"X"选项和"Y"选
项均设为 0。

（4）用相同的方法分别用"库"面板中的图形元件"男装""童
装""运动"和影片剪辑元件"男装闪""童装闪""运动闪"，制作按
钮元件"男""童"和"运"，如图 6-55 所示。

图 6-54

（5）单击舞台窗口左上方的"场景 1"图标 场景1，进入"场景 1"的舞台窗口。在"时间轴"
中创建新图层并将其命名为"按钮"。分别将"库"面板中的按钮元件"男""女""童"和"运"拖
曳到舞台窗口中并放置在适当的位置，效果如图 6-56 所示。动态菜单制作完成，按 Ctrl+Enter 组
合键即可查看效果。

图 6-55

图 6-56

6.4 库

在 Flash 文档的"库"面板中可以存储创建的元件和导入的文件。只要建立 Flash 文档，就可以使用相应的库。

6.4.1 库面板的组成

选择"窗口 > 库"命令，或按 Ctrl+L 组合键，弹出"库"面板，如图 6-57 所示。

"库的名称"：在"库"面板的下方显示出与"库"面板相对应的文档名称。

"元件数量"：在名称的上方显示出当前"库"面板中的元件数量。

"预览区域"：在"元件数量"上方为预览区域，可以在此观察选定元件的效果。如果选定的元件为多帧组成的动画，在预览区域的右上方会显示出两个按钮 ▣ ▶ 。

图 6-57

播放"按钮 ▶ ：单击此按钮，可以在预览区域里播放动画。

停止"按钮 ▣ ：单击此按钮，停止播放动画。

当"库"面板呈最大宽度显示时，将出现如下一些按钮。

"名称"按钮：单击此按钮，"库"面板中的元件将按名称排序。

"类型"按钮：单击此按钮，"库"面板中的元件将按类型排序。

"使用次数"按钮：单击此按钮，"库"面板中的元件将按被引用的次数排序。

"链接"按钮：与"库"面板下拉菜单中"链接"命令的设置相关联。

"修改日期"按钮：单击此按钮，"库"面板中的元件将按被修改的日期进行排序。

在"库"面板的下方有如下 4 个按钮。

"新建元件"按钮 ▣ ：用于创建元件。单击此按钮，弹出"创建新元件"对话框，可以通过设置创建新的元件。

"新建文件夹"按钮 ▣ ：用于创建文件夹。可以分门别类地建立文件夹，将相关的元件调入其中，以方便管理。单击此按钮，在"库"面板中生成新的文件夹，可以设定文件夹的名称。

"属性"按钮 ▣ ：用于转换元件的类型。单击此按钮，弹出"元件属性"对话框，可以实现元件类型的相互转换。

"删除"按钮 ▣ ：删除"库"面板中被选中的元件或文件夹。单击此按钮，所选的元件或文件夹被删除。

6.4.2 库面板下拉菜单

单击"库"面板右上方的按钮 ▾▤ ，出现下拉菜单，在菜单中提供了很多实用的命令，如图 6-58 所示。

"新建元件"命令：用于创建一个新的元件。

"新建文件夹"命令：用于创建一个新的文件夹。

"新建字型"命令：用于创建字体元件。

"新建视频"命令：用于创建视频资源。

"重命名"命令：用于重新设定元件的名称。也可双击要重命名的元件，再更改名称。

"删除"命令：用于删除当前选中的元件。

"直接复制"命令：用于复制当前选中的元件。此命令不能用于复制文件夹。

"移至"命令：用于将选中的元件移动到新建的文件夹中。

"编辑"命令：选择此命令，主场景舞台被切换到当前选中元件的舞台。

"编辑方式"命令：用于编辑所选位图元件。

"编辑 Audition"命令：用于打开 Adobe Audition 软件，对音频进行润色、自定义音乐、添加声音效果等操作。

"编辑类"命令：用于编辑视频文件。

"播放"命令：用于播放按钮元件或影片剪辑元件中的动画。

"更新"命令：用于更新资源文件。

"属性"命令：用于查看元件的属性或更改元件的名称和类型。

"组件定义"命令：用于介绍组件的类型、数值和描述语句等属性。

"运行时共享库 URL"命令：用于设置公用库的链接。

"选择未用项目"命令：用于选出在"库"面板中未经使用的元件。

"展开文件夹"命令：用于打开所选文件夹。

"折叠文件夹"命令：用于关闭所选文件夹。

"展开所有文件夹"命令：用于打开"库"面板中的所有文件夹。

"折叠所有文件夹"命令：用于关闭"库"面板中的所有文件夹。

"帮助"命令：用于调出软件的帮助文档。

"关闭"命令：选择此命令可以将"库"面板关闭。

"关闭组"命令：选择此命令将关闭组合后的面板组。

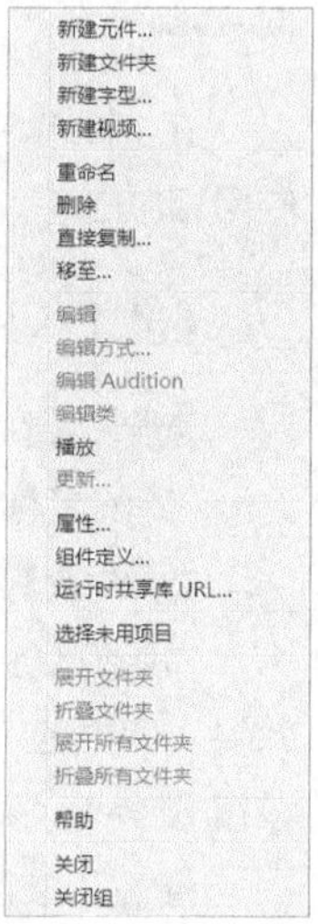

图 6-58

课堂练习——制作家电销售广告

🔗 练习知识要点

使用"创建元件"命令，创建按钮元件；使用"文本"工具，添加文本说明；使用"属性"面板，调整元件的不透明度。完成效果如图 6-59 所示。

图 6-59

扫码观看
本案例视频

扫码观看
本案例视频

扫码观看
本案例视频

效果所在位置

云盘/Ch06/效果/制作家电销售广告.fla。

课后习题——制作海边城市

习题知识要点

使用"导入"命令，导入素材制作图形元件；使用"文本"工具，输入广告语；使用"创建传统补间"命令，制作补间动画效果；使用"属性"面板，改变实例的不透明度。完成效果如图 6-60 所示。

图 6-60

扫码观看
本案例视频

 效果所在位置

云盘/Ch06/效果/制作海边城市.fla。

07

第 7 章
制作基本动画

在 Flash CS6 动画的制作过程中，帧和时间轴起到了关键性的作用。本章主要讲解动画中帧和时间轴的使用方法及应用技巧、基础动画的制作方法。通过学习这些内容，读者可以了解并掌握如何灵活地应用帧和时间轴，并根据设计需要制作出丰富多彩的动画效果。

课堂学习目标

- ✔ 了解动画与帧的基本概念
- ✔ 掌握时间轴的使用方法
- ✔ 掌握逐帧动画的制作方法
- ✔ 掌握形状补间动画的制作方法
- ✔ 掌握传统补间动画的制作方法
- ✔ 掌握测试动画的方法

7.1 动画与帧的基本概念

现代医学研究表明，人眼具有"视觉暂留"的特点，即人眼看到物体或画面后，在 1/24s 内不会消失。利用这一原理，在一幅画没有消失之前播放下一幅画，就会使人的眼睛感觉到流畅的变化。所以，动画就是通过连续播放一系列静止画面，给视觉营造出连续变化的效果。

在 Flash CS6 中，这一系列单幅的画面就叫帧，它是 Flash 动画中最小时间单位里出现的画面。每秒钟显示的帧数叫帧率，如果帧率太慢就会使人在视觉上感到不流畅。所以，按照人的视觉原理，一般将动画的帧率设为 24 帧/秒。

在 Flash CS6 中，动画制作的过程就是决定动画每一帧显示什么内容的过程。用户可以像制作传统动画一样自己绘制动画的每一帧，即逐帧动画。但制作逐帧动画所需的工作量非常大，为此，Flash CS6 还提供了一种简单的动画制作方法，即采用关键帧处理技术制作插值动画。插值动画又分为运动动画和变形动画两种。

制作插值动画的关键是绘制动画的起始帧和结束帧，中间帧的效果由 Flash CS6 自动计算得出。为此，Flash CS6 提供了关键帧、过渡帧、空白关键帧。

关键帧描绘动画的起始帧和结束帧。当动画内容发生变化时必须插入关键帧，即使是逐帧动画也要为每个画面创建关键帧。关键帧有延续性，开始关键帧中的对象会延续到结束关键帧。

过渡帧是动画起始、结束关键帧中间系统自动生成的帧。

空白关键帧是不包含任何对象的关键帧。因为 Flash CS6 只支持在关键帧中绘制或插入对象，所以当动画内容发生变化而又不希望延续前面关键帧的内容时需要插入空白关键帧。

7.2 帧的显示形式

在 Flash CS6 中，帧包括多种显示形式。

空白关键帧：在时间轴中，白色背景带有黑圈的帧为空白关键帧。表示在当前舞台中没有任何内容，如图 7-1 所示。

关键帧：在时间轴中，灰色背景带有黑点的帧为关键帧。表示在当前场景中存在一个关键帧，在关键帧相对应的舞台中存在一些内容，如图 7-2 所示。

在时间轴中，存在多个帧。带有黑色圆点的第 1 帧为关键帧，最后 1 帧上面带有黑边的矩形框，为普通帧。除了第 1 帧以外，其他帧均为普通帧，如图 7-3 所示。

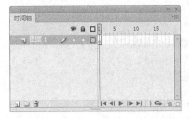
图 7-1

图 7-2

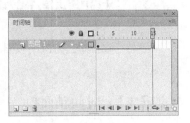
图 7-3

传统补间帧：在时间轴中，带有黑色圆点的第 1 帧和最后 1 帧为关键帧，中间紫色背景带有黑色箭头的帧为补间帧，如图 7-4 所示。

补间形状帧：在时间轴中，带有黑色圆点的第 1 帧和最后 1 帧为关键帧，中间绿色背景带有黑色箭头的帧为补间帧，如图 7-5 所示。在时间轴中，帧上出现连续间断点，表示是未完成或中断了的补间动画，连续间断点表示不能够生成补间帧，如图 7-6 所示。

  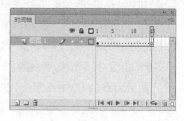

| 图 7-4 | 图 7-5 | 图 7-6 |

包含动作语句的帧：在时间轴中，第 1 帧上出现一个字母 "a"，表示这 1 帧中包含了使用 "动作"面板设置的动作语句，如图 7-7 所示。

帧标签：在时间轴中，第 1 帧上出现一只红旗，表示这一帧的标签类型是名称。红旗右侧的 "wo" 是帧标签的名称，如图 7-8 所示。

图 7-7

在时间轴中，第 1 帧上出现两条绿色斜杠，表示这一帧的标签类型是注释，如图 7-9 所示。帧注释是对帧的解释，帮助理解该帧在影片中的作用。

在时间轴中，第 1 帧上出现一个金色的锚，表示这一帧的标签类型是锚记，如图 7-10 所示。帧锚记表示该帧是一个定位，方便浏览者在浏览器中快进、快退。

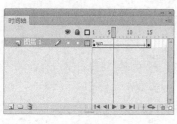  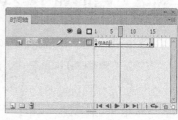

| 图 7-8 | 图 7-9 | 图 7-10 |

7.3 时间轴的使用

要将一幅幅静止的画面按照某种顺序快速地、连续地播放，需要用时间轴来为它们完成时间和顺序的安排。

7.3.1 时间轴面板

"时间轴" 面板是实现动画效果最基本的面板，由图层面板和时间轴组成，如图 7-11 所示。

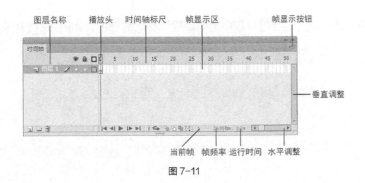

图 7-11

在图层面板的左上方有如下按钮。

"显示或隐藏所有图层"按钮 ：单击此图标，可以隐藏或显示图层中的内容。

"锁定或解除锁定所有图层"按钮 ：单击此图标，可以锁定或解锁图层。

"将所有图层显示为轮廓"按钮 ：单击此图标，可以将图层中的内容以线框的方式显示。

在图层面板的左下方有如下按钮。

"新建图层"按钮 ：用于创建图层。

"新建文件夹"按钮 ：用于创建图层文件夹。

"删除"按钮 ：用于删除无用的图层。

单击时间轴右上方的图标 ，弹出下拉菜单，如图 7-12 所示。

"很小"命令：以最小的间隔距离显示帧，如图 7-13 所示。

"小"命令：以较小的间隔距离显示帧，如图 7-14 所示。

图 7-12

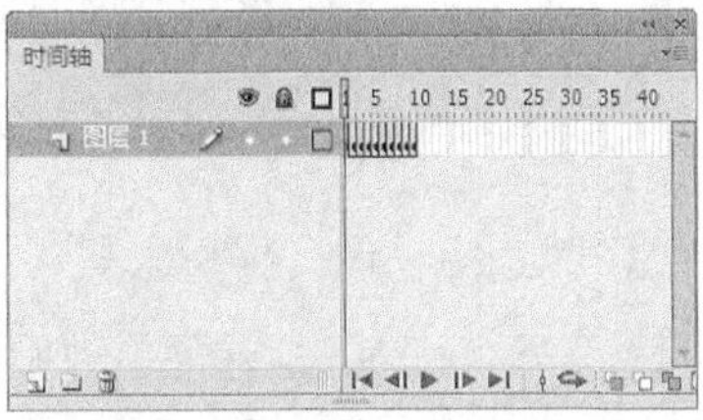

图 7-13

图 7-14

"标准"命令：以标准的间隔距离显示帧，是系统默认的设置。

"中"命令：以较大的间隔距离显示帧，如图 7-15 所示。

"大"命令：以最大的间隔距离显示帧，如图 7-16 所示。

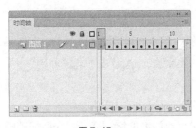

图 7-15

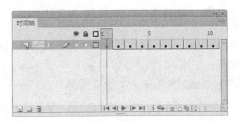

图 7-16

"预览"命令：最大限度地将每一帧中的对象显示在时间轴中，如图 7-17 所示。

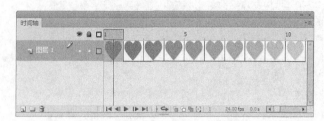

图 7-17

"关联预览"命令：每一帧中显示的对象保持与舞台大小相对应的比例，如图 7-18 所示。

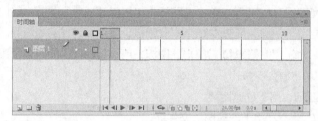

图 7-18

"较短"命令：将帧的高度缩短显示，这样可以在有限的空间中显示出更多的层，如图 7-19 所示。

"彩色显示帧"命令：系统默认状态下为选中状态。取消对该选项的选择，帧的颜色发生变化，如图 7-20 所示。

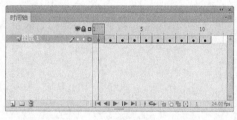

图 7-19

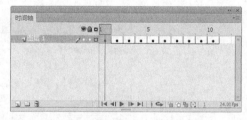

图 7-20

"帮助"命令：用于调出软件的帮助文件。

"关闭"命令：选择此命令可以将时间轴面板关闭。

"关闭组"命令：选择此命令将关闭组合后的面板组。

7.3.2　绘图纸（洋葱皮）功能

一般情况下，在 Flash CS6 舞台上只能显示当前帧中的对象，如果希望在舞台上出现多帧对象以帮助当前帧对象的定位和编辑，可以通过 Flash CS6 提供的绘图纸（洋葱皮）功能实现。

在时间轴面板的下方有如下按钮。

"帧居中"按钮 ：单击此按钮，播放头所在帧会显示在时间轴的中间位置。

"绘图纸外观"按钮 ：单击此按钮，时间轴标尺上出现绘图纸的标记显示，在标记范围内的帧上的对象将同时显示在舞台中，如图 7-21 和图 7-22 所示。可以用鼠标指针拖动标记点来增加显示的帧数，如图 7-23 所示。

图 7-21　　　　　　　　　　　图 7-22　　　　　　　　　　　图 7-23

"绘图纸外观轮廓"按钮：单击此按钮，时间轴标尺上出现绘图纸的标记显示。在标记范围内的帧上的对象将以轮廓线的形式同时显示在舞台中，如图 7-24 和图 7-25 所示。

图 7-24　　　　　　　　　　　　　　　　图 7-25

"编辑多个帧"按钮：单击此按钮，绘图纸标记范围内的帧上的对象将同时显示在舞台中，可以同时编辑所有的对象，如图 7-26 和图 7-27 所示。

图 7-26　　　　　　　　　　　　　　　　图 7-27

"修改标记"按钮：单击此按钮，弹出下拉菜单，如图 7-28 所示。该下拉菜单中各命令的含义如下。

"始终显示标记"命令：选择此命令，在时间轴标尺上总是显示出绘图纸标记。

"锚定标记"命令：选择此命令，将锁定绘图纸标记的显示范围，移动播放头将不会改变显示范围，如图 7-29 所示。

图 7-28

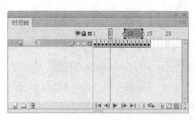

图 7-29

"标记范围 2" 命令：选择此命令，绘图纸标记显示范围为从当前帧的前 2 帧开始，到当前帧的后 2 帧结束，如图 7-30 和图 7-31 所示。

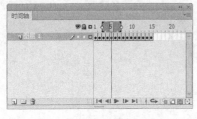

图 7-30

图 7-31

"标记范围 5" 命令：选择此命令，绘图纸标记显示范围为从当前帧的前 5 帧开始，到当前帧的后 5 帧结束，如图 7-32 和图 7-33 所示。

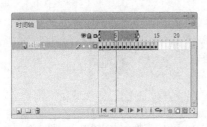

图 7-32

图 7-33

"标记整个范围" 命令：选择此命令，绘图纸标记显示范围为时间轴中的所有帧，如图 7-34 和图 7-35 所示。

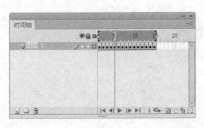

图 7-34

图 7-35

7.3.3　在时间轴面板中设置帧

在时间轴面板中，可以对帧进行一系列的操作。下面进行具体的讲解。

1.　插入帧

（1）应用菜单命令插入帧。

选择 "插入 > 时间轴 > 帧" 命令，或按 F5 键，可以在时间轴上插入一个普通帧。

选择 "插入 > 时间轴 > 关键帧" 命令，或按 F6 键，可以在时间轴上插入一个关键帧。

选择 "插入 > 时间轴 > 空白关键帧" 命令，或按 F7 键，可以在时间轴上插入一个空白关键帧。

（2）应用快捷菜单插入帧。

在时间轴上要插入帧的地方单击鼠标右键，在弹出的快捷菜单中选择要插入帧的类型。

2．选择帧

选择"编辑 > 时间轴 > 选择所有帧"命令，或按 Ctrl+Alt+A 组合键，选中时间轴中的所有帧。

单击要选的帧，帧变为蓝色。

用鼠标指针选中要选择的帧，再向前或向后进行拖曳，其间鼠标指针经过的帧全部被选中。

按住 Ctrl 键的同时，用鼠标单击要选择的帧，可以选择多个不连续的帧。

按住 Shift 键的同时，用鼠标单击要选择的两帧，这两帧中间的所有帧都被选中。

3．移动帧

选中一个或多个帧，按住鼠标，移动所选帧到目标位置。在移动过程中，如果按住 Alt 键，会在目标位置上复制出所选的帧。

选中一个或多个帧，选择"编辑 > 时间轴 > 剪切帧"命令，或按 Ctrl+Alt+X 组合键，剪切所选的帧；选中目标位置，选择"编辑 > 时间轴 > 粘贴帧"命令，或按 Ctrl+Alt+V 组合键，在目标位置上粘贴所选的帧。

4．删除帧

用鼠标右键单击要删除的帧，在弹出的快捷菜单中选择"清除帧"命令。

选中要删除的普通帧，按 Shift+F5 组合键，删除帧；选中要删除的关键帧，按 Shift+F6 组合键，删除关键帧。

> 在 Flash CS6 系统默认状态下，时间轴面板中每一图层的第一帧都被设置为关键帧，后面插入的帧将拥有第一帧中的所有内容。

7.4 逐帧动画

逐帧动画的制作类似于传统动画的制作，每一个帧都是关键帧，整个动画是通过关键帧的不断变化产生的，不依靠 Flash CS6 的运算，设计者需要绘制每一个关键帧中的对象。每一个帧都是独立的，在画面上可以是互不相关的。具体操作步骤如下。

新建空白文档，选择"文本"工具 T，在第 1 帧的舞台中输入"马"字，如图 7-36 所示。

按 F6 键，在第 2 帧上插入关键帧，如图 7-37 所示。在第 2 帧的舞台中输入"到"字，如图 7-38 所示。

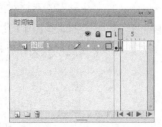

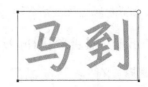

图 7-36　　　　　　　　　　图 7-37　　　　　　　　　　图 7-38

用相同的方法在第 3 帧上插入关键帧，在舞台中输入"成"字，如图 7-39 所示。在第 4 帧上插入关键帧，在舞台中输入"功"字，如图 7-40 所示。

图 7-39

图 7-40

按 Enter 键进行播放，即可观看制作效果。

还可以通过从外部导入图片组来实现逐帧动画的效果。

选择"文件 > 导入 > 导入到舞台"命令，弹出"导入"对话框，在对话框中选择图片，单击"打开"按钮，弹出提示对话框，询问是否将图像序列中的所有图像导入，如图 7-41 所示。

单击"是"按钮，将图像序列导入到舞台中，如图 7-42 所示。按 Enter 键进行播放，即可观看制作效果。

图 7-41

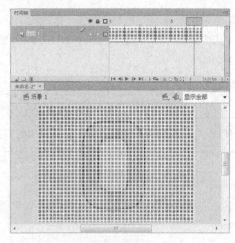

图 7-42

7.5　形状补间动画

形状补间动画是使图形形状发生变化的动画。形状补间动画所处理的对象必须是舞台上的图形，如果舞台上的对象是组件实例、多个图形的组合、文字、导入的素材对象，必须选择"修改 > 分离"或"修改 > 取消组合"命令，将其打散成图形。利用这种动画，也可以实现改变上述对象的大小、位置、旋转、颜色及透明度等，另外还可以实现一种形状变换成另一种形状的效果。

7.5.1　创建形状补间动画

选择"文件 > 导入 > 导入到舞台"命令，弹出"导入"对话框，在对话框中选中文件，单击"打开"按钮，文件被导入到舞台的第 1 帧中。多次按 Ctrl+B 组合键，将其打散，如图 7-43 所示。

用鼠标右键单击时间轴面板中的第 10 帧,在弹出的快捷菜单中选择"插入空白关键帧"命令,如图 7-44 所示。在第 10 帧上插入一个空白关键帧,如图 7-45 所示。

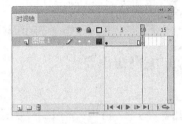

图 7-43   图 7-44   图 7-45

选择"文件 > 导入 > 导入到库"命令,弹出"导入到库"对话框,在对话框中选中文件,单击"打开"按钮,文件被导入到"库"面板中,将"库"面板中的图形元件"08"拖曳到舞台窗口中,多次按 Ctrl+B 组合键,将其打散,如图 7-46 所示。

用鼠标右键单击时间轴面板中的第 1 帧,在弹出的快捷菜单中选择"创建补间形状"命令,如图 7-47 所示。

创建"补间形状"后,"属性"面板中出现如下 2 个新的选项。

"缓动"选项:用于设定变形动画从开始到结束的变形速度。其取值范围为-100~100。当选择正数时,变形速度呈减速度,即开始时速度快,然后速度逐渐减慢;当选择负数时,变形速度呈加速度,即开始时速度慢,然后速度逐渐加快。

"混合"选项:提供了"分布式"和"角形"2 个选项。选择"分布式"选项可以使变形的中间形状趋于平滑。"角形"选项则可创建包含角度和直线的中间形状。

设置完成后,在"时间轴"面板中,第 1 帧到第 10 帧之间出现绿色的背景和黑色的箭头,表示生成形状补间动画,如图 7-48 所示。按 Enter 键进行播放,即可观看制作效果。

图 7-46   图 7-47   图 7-48

在变形过程中每一帧上的图形都发生不同的变化,分别如图 7-49 所示。

第 1 帧   第 3 帧   第 6 帧   第 8 帧   第 10 帧

图 7-49

7.5.2　课堂案例——制作弹跳动画

案例学习目标

使用形状补间动画命令制作动画效果。

案例知识要点

使用"椭圆"工具、"矩形"工具和"创建补间形状"命令，制作形状演变效果；使用"分散到图层"命令，将实例分散到独立层；使用"时间轴"面板，控制每个图层的出场顺序。完成效果如图 7-50 所示。

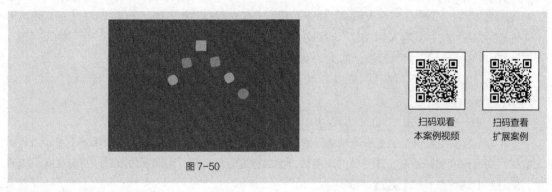

图 7-50

扫码观看
本案例视频

扫码查看
扩展案例

效果所在位置

云盘/Ch07/效果/制作弹跳动画.fla。

1. 制作形状演变效果

（1）选择"文件 > 新建"命令，在弹出的"新建文档"对话框中，选择"常规"选项卡中的"ActionScript 3.0"选项，将"宽"选项设为 600，"高"选项设为 400，"背景颜色"选项设为黑色（#262A35），单击"确定"按钮，完成文档的创建。

（2）按 Ctrl+F8 组合键，弹出"创建新元件"对话框，在"名称"选项的文本框中输入"粉色"，在"类型"选项的下拉列表中选择"影片剪辑"选项，如图 7-51 所示。单击"确定"按钮，新建影片剪辑元件"粉色"，如图 7-52 所示。舞台窗口也随之转换为影片剪辑元件的舞台窗口。

图 7-51

图 7-52

（3）选择"椭圆"工具 ，在工具箱中将"笔触颜色"设为无，"填充颜色"设为粉色（#FD2D61），单击工具箱下方的"对象绘制"按钮 ，按住 Shfit 键的同时，在舞台窗口中绘制 1 个圆形，如图 7-53 所示。选择"选择"工具 ，选中绘制的圆形，在绘制对象"属性"面板中，将"宽"选项和"高"选项均设为 32，"X"选项和"Y"选项均设为 0，如图 7-54 所示，效果如图 7-55 所示。

图 7-53   图 7-54   图 7-55

（4）按 Ctrl+C 组合键，将上一步绘制的图形复制。选中"图层 1"的第 15 帧，按 F7 键，插入空白关键帧，如图 7-56 所示。选择"矩形"工具 ，在工具箱中将"笔触颜色"设为无，"填充颜色"设为粉色（#FD2D61），按住 Shift 键的同时，在舞台窗口中绘制 1 个矩形。

（5）选择"选择"工具 ，选中绘制的圆形，在绘制对象"属性"面板中，将"宽"选项和"高"选项均设为 32，"X"选项设为 0，"Y"选项设为-145，如图 7-57 所示。效果如图 7-58 所示。

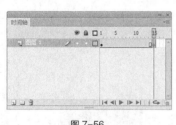

图 7-56   图 7-57   图 7-58

（6）选中"图层 1"的第 30 帧，按 F7 键，插入空白关键帧，如图 7-59 所示。按 Ctrl+Shift+V 组合键，将复制的图形粘贴到第 30 帧的舞台窗口中。

（7）分别用鼠标右键单击"图层 1"的第 1 帧、第 15 帧，在弹出的快捷菜单中选择"创建补间形状"命令，创建形状补间动画，如图 7-60 所示。

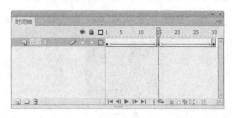

图 7-59   图 7-60

　　（8）在"库"面板中，用鼠标右键单击影片剪辑元件"粉色"，在弹出的快捷菜单中选择"直接复制元件"命令，弹出"直接复制元件"对话框，在"名称"选项的文本框中输入"绿色"，如图 7-61 所示。单击"确定"按钮，新建影片剪辑元件"绿色"，如图 7-62 所示。

　　（9）在"库"面板中双击影片剪辑元件"绿色"，进入影片剪辑元件的舞台窗口中。选中"图层 1"的第 1 帧，在工具箱中将"填充颜色"设为绿色（#08D9D6），效果如图 7-63 所示。选中"图层 1"的第 15 帧，在工具箱中将"填充颜色"设为绿色（#08D9D6），效果如图 7-64 所示。用相同的方法设置第 30 帧。

图 7-61

图 7-62

图 7-63　　　　图 7-64

2. 制作出场顺序动画

　　（1）按 Ctrl+F8 组合键，弹出"创建新元件"对话框，在"名称"选项的文本框中输入"一起动"，在"类型"选项的下拉列表中选择"影片剪辑"选项，如图 7-65 所示，单击"确定"按钮，新建影片剪辑元件"一起动"，舞台窗口也随之转换为影片剪辑元件的舞台窗口。

　　（2）分别将"库"面板中的影片剪辑元件"粉色"和"绿色"拖曳到舞台窗口中，并放置在一条水平线上，如图 7-66 所示。

图 7-65

图 7-66

　　（3）选择"选择"工具 ，在舞台窗口中将"粉色"和"绿色"实例同时选中，如图 7-67 所示。按住 Alt 键的同时向右拖曳对象到适当的位置，复制实例，效果如图 7-68 所示。按 4 次 Ctrl+Y 组合键，将实例进行移动复制，效果如图 7-69 所示。

图 7-67

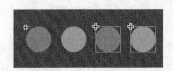

图 7-68

图 7-69

（4）在"时间轴"面板中选中"图层 1"，将该层中的对象全部选中，如图 7-70 所示。选择"修改 ＞ 时间轴 ＞ 分散到图层"命令，将该层中的对象分散到独立层，如图 7-71 所示。

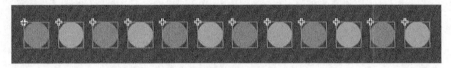

图 7-70

（5）选中"图层 1"，如图 7-72 所示。单击"时间轴"面板下方的"删除"按钮，将"图层 1"删除，如图 7-73 所示。选中所有图层的第 30 帧，按 F5 键，插入普通帧，如图 7-74 所示。

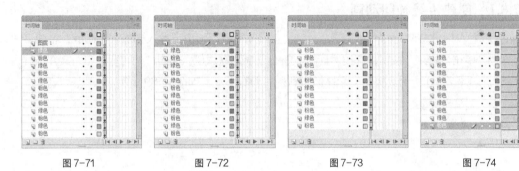

图 7-71　　　　　　　图 7-72　　　　　　　图 7-73　　　　　　　图 7-74

（6）在"时间轴"面板中选中最上方的"粉色"图层，选中该层中的所有帧，将所有帧向后拖曳至与上一图层隔 5 帧的位置，如图 7-75 所示。用同样的方法依次对其他图层进行操作，如图 7-76 所示。

图 7-75

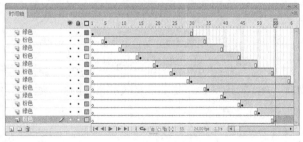

图 7-76

（7）单击舞台窗口左上方的"场景 1"图标，进入"场景 1"的舞台窗口。将"图层 1"重命名为"动画"。将"库"面板中的影片剪辑元件"一起动"拖曳到舞台窗口中并放置在适当的位置，如图 7-77 所示。弹跳动画效果制作完成，按 Ctrl+Enter 组合键即可查看效果，如图 7-78 所示。

图 7-77

图 7-78

7.6　传统补间动画

可以通过以下方法来创建补间动画：在起始关键帧中为实例、组合对象或文本定义属性，然后在后续关键帧中更改对象的属性。Flash CS6 在关键帧之间的帧中创建从第一个关键帧到下一个关键帧的动画。

7.6.1　创建传统补间动画

新建空白文档，选择"文件 > 导入 > 导入到库"命令，弹出"导入到库"对话框，在对话框中选择文件，单击"打开"按钮，弹出对话框，所有选项为默认值，单击"确定"按钮，文件被导入"库"面板，如图 7-79 所示。将图形元件拖曳到舞台的右下方，如图 7-80 所示。

图 7-79

图 7-80

用鼠标右键单击"时间轴"面板中的第 10 帧，在弹出的快捷菜单中选择"插入关键帧"命令，如图 7-81 所示。在第 10 帧上插入一个关键帧，如图 7-82 所示。在舞台窗口中将图形实例拖曳到舞台窗口的左上方。

图 7-81

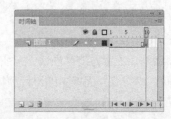

图 7-82

在"时间轴"面板中，用鼠标右键单击第 1 帧，在弹出的快捷菜单中选择"创建传统补间"命令。创建"补间动画"后，"属性"面板中出现如下多个新的选项。

"缓动"选项：用于设定动作补间动画从开始到结束的运动速度。其取值范围为 0～100。当选择正数时，运动速度呈减速变化，即开始时速度快，然后速度逐渐减慢；当选择负数时，运动速度呈加速变化，即开始时速度慢，然后速度逐渐加快。

"旋转"选项：用于设置对象在运动过程中的旋转样式和次数。其中包含 4 种样式："无"表示在运动过程中不允许对象旋转；"自动"表示对象按快捷的路径进行旋转变化；"顺时针"表示对象在运动过程中按顺时针的方向进行旋转，可以在右边的"旋转数"选项中设置旋转的次数；"逆时针"表示对象在运动过程中按逆时针的方向进行旋转，可以在右边的"旋转数"选项中设置旋转的次数。

"调整到路径"选项：勾选此选项，在运动引导动画（详见第 8 章）过程中，对象可以根据引导路径的曲线改变变化的方向。

"同步"选项：勾选此选项，如果对象是一个包含动画效果的图形组件实例，其动画和主时间轴同步。

"缩放"选项：勾选此选项，对象在动画过程中可以改变比例。

在"时间轴"面板中，第 1 帧到第 10 帧之间出现紫色的背景和黑色的箭头，表示生成传统补间动画，如图 7-83 所示。完成动作补间动画的制作，按 Enter 键进行播放，即可观看制作效果。

如果想观察制作的动作补间动画中每 1 帧产生的不同效果，可以单击"时间轴"面板下方的"绘图纸外观"按钮，并将标记点的起始点设为第 1 帧，终止点设为第 10 帧，如图 7-84 所示。舞台中显示出在不同的帧中，图形位置的变化效果，如图 7-85 所示。

图 7-83

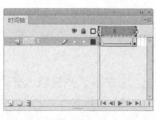

图 7-84

图 7-85

如果在帧"属性"面板中，将"旋转"选项设为"顺时针"，如图 7-86 所示，那么在不同的帧中，图形位置的变化效果如图 7-87 所示。

图 7-86

图 7-87

7.6.2 课堂案例——制作倒影文字效果

 案例学习目标

使用"创建传统补间"命令制作动画效果。

案例知识要点

使用"文本"工具，添加文字；使用"转换为元件"命令，将文字转换为元件；使用"分散到图层"命令，将层中的对象分散到独立层；使用"创建传统补间"命令，制作文字动画效果。完成效果如图 7-88 所示。

图 7-88

扫码观看
本案例视频

扫码查看
扩展案例

效果所在位置

云盘/Ch07/效果/制作倒影文字效果.fla。

1. **导入背景图片并制作影片剪辑**

（1）选择"文件 > 新建"命令，弹出"新建文档"对话框，选择"常规"选项卡中的"ActionScript 3.0"选项，将"宽度"选项设为 700，"高度"选项设为 600，单击"确定"按钮，完成页面的创建。

（2）将"图层 1"重命名为"底图"，如图 7-89 所示。选择"文件 > 导入 > 导入到舞台"命令，在弹出的"导入"对话框中，选择云盘中的"Ch07 > 制作倒影文字效果 > 01"文件，单击"打开"按钮，文件被导入到舞台窗口中，如图 7-90 所示。

图 7-89

图 7-90

（3）在"库"面板下方单击"新建元件"按钮，弹出"创建新元件"对话框，在"名称"选项的文本框中输入"文字动"，在"类型"选项的下拉列表中选择"影片剪辑"选项，单击"确定"按钮，新建影片剪辑元件"文字动"，如图 7-91 所示。舞台窗口也随之转换为影片剪辑元件的舞台窗口。

（4）选择"文本"工具，在文本工具"属性"面板中进行设置，在舞台窗口中适当的位置输入大小为 75、字体为"方正兰亭粗黑简体"的红色（#FF0101）文字，文字效果如图 7-92 所示。

图 7-91

6.18限时特卖会

图 7-92

（5）选择"选择"工具，选中文字，按 Ctrl+T 组合键，弹出"变形"面板，将"缩放宽度"选项设为 83.6%，"缩放高度"选项设为 100%，如图 7-93 所示。按 Enter 键确认操作，效果如图 7-94 所示。

图 7-93

6.18限时特卖会

图 7-94

（6）保持文字的选取状态，按 Ctrl+B 组合键，将文字打散，如图 7-95 所示。选中图 7-96 所示的文字。

6.18限时特卖会

图 7-95

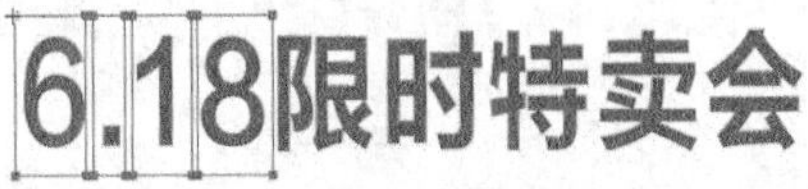

6.18限时特卖会

图 7-96

（7）按 F8 键，在弹出的"转换为元件"对话框中进行设置，如图 7-97 所示。单击"确定"按钮，将选中的文字转换为图形元件，如图 7-98 所示。

图 7-97 　　　　　　　　　　　　　　　　　　　　 图 7-98

（8）选中文字"限"，如图 7-99 所示。按 F8 键，在弹出的"转换为元件"对话框中进行设置，如图 7-100 所示。单击"确定"按钮，文字转为图形元件。用上述的方法将其他文字转换为图形元件，如图 7-101 所示。

图 7-99 　　　　　　　　　 图 7-100 　　　　　　　　　 图 7-101

（9）按 Ctrl+A 组合键，将舞台窗口中的所有实例选中，如图 7-102 所示。按 Ctrl+Shift+D 组合键，将选中的对象分散到独立层，"时间轴"面板如图 7-103 所示。在"时间轴"面板中删除"图层 1"。

图 7-102 　　　　　　　　　　　　　　　　　　　 图 7-103

（10）分别选中所有图层的第 15 帧、第 25 帧，按 F6 键，插入关键帧，如图 7-104 所示。选中"会"图层的第 15 帧，在舞台窗口中选中所有实例，并将其垂直向上拖曳到适当的位置，如图 7-105 所示。

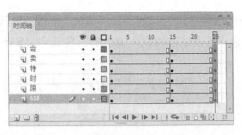

图 7-104   图 7-105

（11）分别用鼠标右键单击所有图层的第 1 帧，在弹出的快捷菜单中选择"创建传统补间"命令，生成传统补间动画，如图 7-106 所示。分别用鼠标右键单击所有图层的第 15 帧，在弹出的快捷菜单中选择"创建传统补间"命令，生成传统补间动画，如图 7-107 所示。

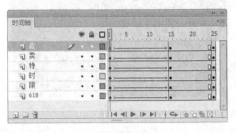   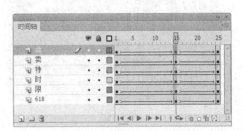

图 7-106   图 7-107

（12）单击"限"图层的图层名称，选中该层中的所有帧，将所有帧向后拖曳至与"618"图层隔 5 帧的位置，如图 7-108 所示。用相同的方法依次对其他图层进行操作，如图 7-109 所示。

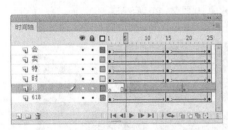   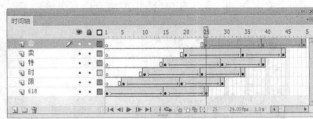

图 7-108   图 7-109

（13）分别选中所有图层的第 70 帧，按 F5 键，插入普通帧，如图 7-110 所示。

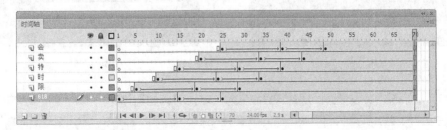

图 7-110

2．添加文字

（1）单击舞台窗口左上方的"场景 1"图标 场景 1，进入"场景 1"的舞台窗口。在"时间轴"

中创建新图层并将其命名为"文字"。选择"文本"工具 T，在文本工具"属性"面板中进行设置，在舞台窗口中适当的位置输入大小为 53，字体为"方正兰亭粗黑简体"的白色文字，文字效果如图 7-111 所示。

（2）在舞台窗口中适当的位置输入大小为 63，字体为"方正兰亭粗黑简体"的白色文字，文字效果如图 7-112 所示。

图 7-111

图 7-112

（3）选择"矩形"工具 □，在矩形工具"属性"面板中，将"笔触颜色"设为白色，"填充颜色"设为无，"笔触"选项设为 1，在舞台窗口中绘制 1 个矩形，完成效果如图 7-113 所示。

（4）在"时间轴"中创建新图层并将其命名为"白色矩形"。在工具箱中将"笔触颜色"设为无，"填充颜色"设为白色，在舞台窗口中绘制 1 个矩形，完成效果如图 7-114 所示。

图 7-113

图 7-114

（5）在"时间轴"中创建新图层并将其命名为"文字 2"。选择"文本"工具 T，在文本工具"属性"面板中进行设置，在舞台窗口中适当的位置输入大小为 23，字体为"方正兰亭黑简体"的黑色文字，文字效果如图 7-115 所示。

（6）在"时间轴"中创建新图层并将其命名为"标题文字"。将"库"面板中的影片剪辑元件"文字动"拖曳到舞台窗口中，并放置在适当的位置，如图 7-116 所示。

图 7-115

图 7-116

（7）选择"选择"工具 ⬆，在舞台窗口中选中"字动"实例，按住 Alt+Shift 组合键的同时，垂直向下拖曳"字动"实例到适当的位置，复制实例，效果如图 7-117 所示。保持实例的选取状态，选择"修改 > 变形 > 垂直翻转"命令，将其垂直翻转，效果如图 7-118 所示。

图 7-117

图 7-118

（8）保持实例的选取状态，在图形"属性"面板中选择"色彩效果"选项组下方的"样式"选项，在弹出的下拉列表中，将"Alpha"的值设为 20%，舞台窗口中的效果如图 7-119 所示。促销广告制作完成，按 Ctrl+Enter 组合键即可查看效果，如图 7-120 所示。

图 7-119

图 7-120

7.7 测试动画

在完成动画制作后，要对其进行测试。可以通过多种方法来测试动画。下面就进行具体的讲解。

测试动画有以下几种方法。

（1）应用控制器面板。

选择"窗口 > 工具栏 > 控制器"命令，弹出"控制器"面板，如图 7-121 所示。

图 7-121

"停止"按钮■：用于停止播放动画。

"转到第一帧"按钮◄：用于将动画返回到第 1 帧并停止播放。

"后退一帧"按钮◄：用于将动画逐帧向后播放。

"播放"按钮►：用于播放动画。

"前进一帧"按钮►：用于将动画逐帧向前播放。

"转到最后一帧"按钮►：用于将动画跳转到最后 1 帧并停止播放。

（2）应用播放菜单命令。

选择"控制 > 播放"命令，或按 Enter 键，可以对当前舞台中的动画进行浏览。在"时间轴"面板中，可以看见播放头在运动。随着播放头的运动，舞台中显示出播放头所经过的帧上的内容。

（3）应用测试影片菜单命令。

选择"控制 > 测试影片"命令，或按 Ctrl+Enter 组合键，可以进入动画测试窗口，对动画作品的多个场景进行连续的测试。

（4）应用测试场景菜单命令。

选择"控制 > 测试场景"命令，或按 Ctrl+Alt+Enter 组合键，可以进入动画测试窗口，测试当前舞台窗口中显示的场景或元件中的动画。

> 提示
>
> 如果需要循环播放动画，可以选择"控制 > 循环播放"命令，再应用"播放"按钮或其他的测试命令即可。

课堂练习——制作加载条动画

 练习知识要点

使用"创建传统补间"命令，制作补间动画效果；使用"创建补间形状"命令，制作加载条动画；使用"文本"工具，添加数据文字。完成效果如图 7-122 所示。

图 7-122

效果所在位置

云盘/Ch07/效果/制作加载条动画.fla。

课后习题——制作城市动画

习题知识要点

使用"新建元件"命令，创建影片剪辑元件；使用"创建传统补间"命令，制作汽车动画效果。完成效果如图 7-123 所示。

图 7-123

效果所在位置

云盘/Ch07/效果/制作城市动画.fla。

08

第 8 章
层与高级动画

　　层在 Flash CS6 中有着举足轻重的作用，只有掌握了层的概念并熟练应用不同性质的层，才有可能真正成为制作 Flash 动画的"高手"。本章主要讲解层的应用技巧及如何使用不同性质的层来制作高级动画。通过学习这些内容，读者可以了解并掌握层的强大功能，并能充分利用好层来为动画作品增光添彩。

课堂学习目标

- ✔ 掌握层的基本操作
- ✔ 掌握引导层与运动引导层动画的制作方法
- ✔ 掌握遮罩层的使用方法和应用技巧
- ✔ 运用分散到图层功能编辑对象

8.1 层

在 Flash CS6 中，普通图层类似于叠加在一起的透明纸，下面图层中的内容可以通过上面图层中空白区域内容的区域透过来。一般来讲，可以利用普通图层的透明特性分门别类地组织动画文件中的内容，例如将不动的背景画放置在一个图层上，而将运动的小鸟放置在另一个图层上。使用图层的另一好处是若在一个图层上创建和编辑对象，则不会影响其他图层中的对象。在"时间轴"面板中，图层分为普通层、引导层、运动引导层、被引导层、遮罩层、被遮罩层，它们的作用各不相同。

8.1.1 层的基本操作

1. 层的快捷菜单

用鼠标右键单击"时间轴"面板中的图层名称，弹出快捷菜单，如图 8-1 所示。

"显示全部"命令：用于显示所有的隐藏图层和图层文件夹。

"锁定其他图层"命令：用于锁定除当前图层以外的所有图层。

"隐藏其他图层"命令：用于隐藏除当前图层以外的所有图层。

"插入图层"命令：用于在当前图层上创建一个新的图层。

"删除图层"命令：用于删除当前图层。

"剪切图层"命令：用于将当前图层剪切到剪切板中。

"拷贝图层"命令：用于拷贝当前图层。

"粘贴图层"命令：用于粘贴所拷贝的图层。

"复制图层"命令：用于复制当前图层并生成一个复制图层。

"引导层"命令：用于将当前图层转换为普通引导层。

"添加传统运动引导层"命令：用于将当前图层转换为运动引导层。

"遮罩层"命令：用于将当前图层转换为遮罩层。

"显示遮罩"命令：用于在舞台窗口中显示遮罩效果。

"插入文件夹"命令：用于在当前图层上创建一个新的层文件夹。

"删除文件夹"命令：用于删除当前的层文件夹。

"展开文件夹"命令：用于展开当前的层文件夹，显示出其包含的图层。

"折叠文件夹"命令：用于折叠当前的层文件夹。

"展开所有文件夹"命令：用于展开"时间轴"面板中所有的层文件夹，显示出所包含的图层。

"折叠所有文件夹"命令：用于折叠"时间轴"面板中所有的层文件夹。

"属性"命令：用于设置图层的属性。单击此命令，弹出"图层属性"对话框，如图 8-2 所示。

"名称"选项：用于设置图层的名称。

"显示"选项：勾选此选项，将显示该图层，否则将隐藏图层。

"锁定"选项：勾选此选项，将锁定该图层，否则将解锁。

"类型"选项：用于设置图层的类型。

"轮廓颜色"选项：用于设置对象呈轮廓显示时，轮廓线所使用的颜色。

"图层高度"选项：用于设置图层在"时间轴"面板中显示的高度。

图 8-1   图 8-2

2．创建图层

为了分门别类地组织动画内容，需要创建普通图层，可以应用不同的方法进行图层的创建。

（1）在"时间轴"面板下方单击"新建图层"按钮，创建一个新的图层。

（2）选择"插入 > 时间轴 > 图层"命令，创建一个新的图层。

（3）用鼠标右键单击"时间轴"面板的层编辑区，在弹出的快捷菜单中选择"插入图层"命令，创建一个新的图层。

> 系统默认状态下，新创建的图层按"图层 1""图层 2"……的顺序进行命名，用户也可以根据需要自行设定图层的名称。

3．选取图层

选取图层就是将图层变为当前图层，用户可以在当前层上放置对象、添加文本和编辑图形。要使图层成为当前图层的方法很简单，在"时间轴"面板中选中该图层即可。当前图层会在"时间轴"面板中以蓝色显示，铅笔图标表示可以对该图层进行编辑，如图 8-3 所示。

按住 Ctrl 键的同时，用鼠标在要选择的图层上单击，可以一次选择多个图层，如图 8-4 所示。按住 Shift 键的同时，用鼠标单击 2 个图层，在这 2 个图层中间的图层也会被选中，如图 8-5 所示。

  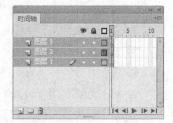

图 8-3   图 8-4   图 8-5

4．排列图层

在制作过程中，我们可以根据需要，在"时间轴"面板中为图层重新排列顺序。

在"时间轴"面板中选中"图层 3"，如图 8-6 所示。按住鼠标不放，将"图层 3"向下拖曳，这时会出现一条实线，如图 8-7 所示。将实线拖曳到"图层 1"的下方，松开鼠标，"图层 3"移动到"图层 1"的下方，如图 8-8 所示。

  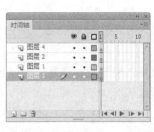

图 8-6 图 8-7 图 8-8

5. 复制、粘贴图层

根据需要，还可以复制图层中的所有对象，并粘贴到其他图层或场景中。

在"时间轴"面板中单击要复制的图层，如图 8-9 所示。选择"编辑 > 时间轴 > 复制帧"命令进行复制，在"时间轴"面板下方单击"新建图层"按钮，创建一个新的图层，如图 8-10 所示。选择"编辑 > 时间轴 > 粘贴帧"命令，在新建的图层中粘贴复制的内容，如图 8-11 所示。

图 8-9 图 8-10 图 8-11

6. 删除图层

如果某个图层不再需要，可以将其删除。删除图层有以下几种方法。

（1）在"时间轴"面板中选中要删除的图层，在面板下方单击"删除"按钮，即可删除选中图层，如图 8-12 所示。

（2）在"时间轴"面板中选中要删除的图层，按住鼠标不放，将其向下拖曳到"删除"按钮上进行删除，如图 8-13 所示。

图 8-12 图 8-13

（3）用鼠标右键单击要删除的图层，在弹出的快捷菜单中选择"删除图层"命令，将图层进行删除。

7. 隐藏、锁定图层和图层的线框显示模式

（1）隐藏图层。

用 Flash CS6 制作出的动画经常是多个图层叠加在一起的，为了便于观察某个图层中对象的效果，可以把其他的图层先隐藏起来。

在"时间轴"面板中单击"显示或隐藏所有图层"按钮 👁 下方的小黑圆点，那么小黑圆点所在的图层就被隐藏，在该图层上显示出一个叉号图标 ✕，如图 8-14 所示。此时图层将不能被编辑。

在"时间轴"面板中单击"显示或隐藏所有图层"按钮 👁 ，面板中的所有图层将被同时隐藏，如图 8-15 所示。再单击此按钮，即可解除隐藏。

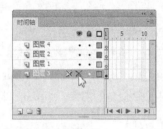
图 8-14

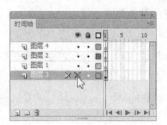
图 8-15

（2）锁定图层。

如果某个图层上的内容已符合要求，则可以锁定该图层，以避免内容被意外更改。

在"时间轴"面板中单击"锁定或解除锁定所有图层"按钮 🔒 下方的小黑圆点，那么小黑圆点所在的图层就被锁定，在该图层上显示出一个锁状图标 🔒 ，如图 8-16 所示。此时图层将不能被编辑。

在"时间轴"面板中单击"锁定或解除锁定所有图层"按钮 🔒 ，面板中的所有图层将被同时锁定，如图 8-17 所示。再单击此按钮，即可解除锁定。

图 8-16

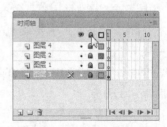
图 8-17

（3）图层的线框显示模式。

为了便于观察图层中的对象，可以将对象以线框的模式进行显示。

在"时间轴"面板中单击"将所有图层显示为轮廓"按钮 ⬜ 下方的实色正方形，那么实色正方形所在图层中的对象就呈线框模式显示，在该图层上实色正方形变为线框图标 ⬜，如图 8-18 所示。此时并不影响编辑图层。

在"时间轴"面板中单击"将所有图层显示为轮廓"按钮 ⬜ ，面板中的所有图层将被同时以线框模式显示，如图 8-19 所示。再单击此按钮，即可回到普通模式。

图 8-18

图 8-19

8. 重命名图层

如果需要更改图层的名称，可以使用以下几种方法。

（1）双击"时间轴"面板中的图层名称，名称变为可编辑状态，如图 8-20 所示。输入更改的图层名称，如图 8-21 所示。在图层旁边单击鼠标，完成图层名称的修改，如图 8-22 所示。

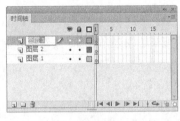
图 8-20

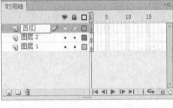
图 8-21

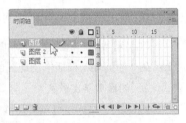
图 8-22

（2）选中要修改名称的图层，选择"修改 > 时间轴 > 图层属性"命令，弹出"图层属性"对话框，如图 8-23 所示。在"名称"选项的文本框中可以重新设置图层的名称，如图 8-24 所示。单击"确定"按钮，完成图层名称的修改。

（3）还可用鼠标右键单击要修改名称的图层，在弹出的快捷菜单中选择"属性"命令，然后在弹出的"图层属性"对话框进行修改。

图 8-23

图 8-24

8.1.2 图层文件夹

可以在"时间轴"面板中创建图层文件夹来组织和管理图层，这样"时间轴"面板中图层的层次结构将非常清晰。

1. 创建图层文件夹

创建图层文件夹有以下几种方法。

（1）单击"时间轴"面板下方的"新建文件夹"按钮▢，在"时间轴"面板中创建图层文件夹，如图 8-25 所示。

（2）选择"插入 > 时间轴 > 图层文件夹"命令，在"时间轴"面板中创建图层文件夹，如图 8-26 所示。

图 8-25

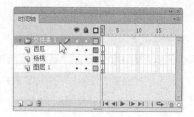

图 8-26

（3）用鼠标右键单击"时间轴"面板中的任意图层，在弹出的快捷菜单中选择"插入文件夹"命令，在"时间轴"面板中创建图层文件夹。

2. 删除图层文件夹

删除图层文件夹有以下几种方法。

（1）在"时间轴"面板中选中要删除的图层文件夹，单击面板下方的"删除"按钮🗑，即可删除图层文件夹，如图 8-27 所示。

（2）在"时间轴"面板中选中要删除的图层文件夹，按住鼠标不放，将其向下拖曳到"删除"按钮🗑上进行删除，如图 8-28 所示。

图 8-27

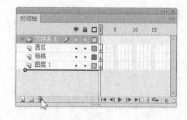

图 8-28

（3）用鼠标右键单击要删除的图层文件夹，在弹出的快捷菜单中选择"删除文件夹"命令，将图层文件夹删除。

8.2 引导层的动画制作

除了普通图层外，还有一种特殊类型的图层——引导层。在引导层中，可以像在普通图层一样绘制各种图形和引入元件等，但最终发布时引导层中的对象不会显示出来。引导层按照功能又可以分为两种，即普通引导层和运动引导层。

8.2.1　普通引导层

1．创建普通引导层

用鼠标右键单击"时间轴"面板中的某个图层，在弹出的快捷菜单中选择"引导层"命令，图层转换为普通引导层，如图 8-29 所示。此时图层前面的图标变为 ✎，如图 8-30 所示。

2．将引导层转换为普通图层

用鼠标右键单击"时间轴"面板中的引导层，在弹出的快捷菜单中选择"引导层"命令，引导层转换为普通图层，如图 8-31 所示。此时图层前面的图标变为 🗀，如图 8-32 所示。

图 8-29　　　　　　　　图 8-30　　　　　　　　图 8-31　　　　　　　　图 8-32

8.2.2　运动引导层

1．创建运动引导层

选中要添加运动引导层的图层，单击鼠标右键，在弹出的快捷菜单中选择"添加传统运动引导层"命令，为图层添加运动引导层，如图 8-33 所示。此时，引导层前面出现图标 ⌁，如图 8-34 所示。

图 8-33　　　　　　　　　　　　图 8-34

2．将运动引导层转换为普通图层

将运动引导层转换为普通图层的方法与普通引导层转换的方法一样，这里不赘述。

8.2.3　课堂案例——制作飞舞的蒲公英

 案例学习目标

使用运动引导层制作引导层动画效果。

 案例知识要点

使用"添加传统运动引导层"命令，制作蒲公英飞舞效果；使用"影片剪辑"元件，制作蒲公英一起飞舞效果。完成效果如图 8-35 所示。

扫码观看
本案例视频

扫码查看
扩展案例

图 8-35

效果所在位置

云盘/Ch08/效果/制作飞舞的蒲公英.fla。

1. 导入图片并制作蒲公英飞舞效果

（1）选择"文件 > 新建"命令，弹出"新建文档"对话框，选择"常规"选项卡中的"ActionScript 3.0"选项，将"宽度"选项设为 505，"高度"选项设为 646，"背景颜色"选项设为黑色，单击"确定"按钮，完成页面的创建。

（2）在"库"面板中新建图形元件"蒲公英"，如图 8-36 所示，舞台窗口也随之转换为图形元件的舞台窗口。选择"文件 > 导入 > 导入舞台"命令，在弹出的"导入"对话框中，选择云盘中的"Ch08 > 素材 > 制作飞舞的蒲公英 > 02"文件，单击"打开"按钮，文件被导入舞台窗口，如图 8-37 所示。

（3）在"库"面板中新建影片剪辑元件"动 1"，舞台窗口也随之转换为影片剪辑元件的舞台窗口。在"图层 1"上单击鼠标右键，在弹出的快捷菜单中选择"添加传统运动引导层"命令，为"图层 1"添加一个引导层，如图 8-38 所示。

（4）选择"钢笔"工具 ，在工具箱中将"笔触颜色"设为绿色（#00FF00），在舞台窗口中绘制 1 条曲线，效果如图 8-39 所示。

（5）选中"图层 1"图层的第 1 帧，将"库"面板中的图形元件"蒲公英"拖曳到舞台窗口中曲线的下方端点，如图 8-40 所示。选中引导层的第 85 帧，按 F5 键，插入普通帧。

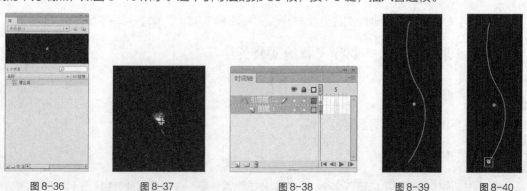

图 8-36　　　　图 8-37　　　　图 8-38　　　　图 8-39　　　　图 8-40

（6）选中"图层 1"的第 85 帧，按 F6 键，插入关键帧，在舞台窗口中选中"蒲公英"实例，将其拖曳到曲线的上方端点，如图 8-41 所示。用鼠标右键单击"图层 1"的第 1 帧，在弹出的快捷菜单中选择"创建传统补间"命令，生成传统补间动画，如图 8-42 所示。

（7）用上述的方法分别制作影片剪辑元件"动 2"和"动 3"，如图 8-43 所示。

图 8-41

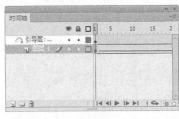

图 8-42

图 8-43

（8）在"库"面板中新建影片剪辑元件"一起动"。将"图层 1"重命名为"1"。分别将"库"面板中的影片剪辑元件"动 1""动 2""动 3"向舞台窗口中拖曳 2～3 次，并调整到合适的大小，效果如图 8-44 所示。选中"1"图层的第 80 帧，按 F5 键，插入普通帧。

（9）在"时间轴"面板中创建新图层并将其命名为"2"。选中"2"图层的第 10 帧，按 F6 键，插入关键帧。分别将"库"面板中的影片剪辑元件"动 1""动 2""动 3"向舞台窗口中拖曳 2～3 次，并调整到合适的大小，效果如图 8-45 所示。

（10）继续在"时间轴"面板中创建 4 个新图层并分别命名为"3""4""5""6"。分别选中"3"图层的第 20 帧、"4"图层的第 30 帧、"5"图层的第 40 帧、"6"图层的第 50 帧，按 F6 键，插入关键帧。分别将"库"面板中的影片剪辑元件"动 1""动 2""动 3"向被选中的帧所对应的舞台窗口中拖曳 2～3 次，并调整到合适的大小，效果如图 8-46 所示。

图 8-44

图 8-45

图 8-46

（11）在"时间轴"面板中创建新图层并将其命名为"动作脚本"。选中"动作脚本"图层的第 80 帧，按 F6 键，插入关键帧。选择"窗口 > 动作"命令，弹出"动作"面板，在面板的左上方将脚本语言版本设置为"Action Script 1.0 & 2.0"，在面板中单击"将新项目添加到脚本中"按钮，在弹出的下拉菜单中依次选择"全局函数 > 时间轴控制 > stop"命令，如图 8-47 所示。在"脚本窗口"中显示出选择的脚本语言，如图8-48所示。设置好动作脚本后，关闭"动作"面板。在"动作脚本"图层的第80帧上显示出一个标记"a"。

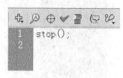

图8-47   图8-48

2. 制作场景动画

（1）单击舞台窗口左上方的"场景1"图标 场景1，进入"场景1"的舞台窗口。将"图层1"重命名为"底图"。选择"文件 > 导入 > 导入舞台"命令，在弹出的"导入"对话框中，选择云盘中的"Ch08 > 素材 > 制作飞舞的蒲公英 > 01"文件，单击"打开"按钮，文件被导入舞台窗口，如图8-49所示。

（2）在"时间轴"面板中创建新图层并将其命名为"蒲公英"。将"库"面板中的影片剪辑元件"一起动"拖曳到舞台窗口中，选择"任意变形"工具 ，调整大小并放置到适当的位置，效果如图8-50所示。飞舞的蒲公英制作完成，按Ctrl+Enter组合键即可查看效果，如图8-51所示。

图8-49

图8-50

图8-51

8.3 遮罩层

除了普通图层和引导层外，还有一种特殊的图层——遮罩层，通过遮罩层可以创建类似探照灯的特殊动画效果。遮罩层就像一块不透明的板，如果想看到它下面的图像，只能在板上挖洞，而遮罩层中有对象的地方就可以看成是洞，通过这个"洞"，遮罩层中的对象才能显示出来。

1. 创建遮罩层

在"时间轴"面板中，用鼠标右键单击要转换遮罩层的图层，在弹出的快捷菜单中选择"遮罩层"命令，如图 8-52 所示。选中的图层转换为遮罩层，其下方的图层自动转换为被遮罩层，并且它们都自动被锁定，如图 8-53 所示。

提示　如果想解除遮罩，只需单击"时间轴"面板上遮罩层或被遮罩层上的图标，将其解锁即可。

图 8-52

图 8-53

提示　遮罩层中的对象可以是图形、文字、元件的实例等。一个遮罩层可以作为多个图层的遮罩层，如果要将一个普通图层变为某个遮罩层的被遮罩层，只需将此图层拖曳至遮罩层下方即可。

2. 将遮罩层转换为普通图层

在"时间轴"面板中，用鼠标右键单击要转换的遮罩层，在弹出的快捷菜单中选择"遮罩层"命令，如图 8-54 所示。遮罩层转换为普通图层，如图 8-55 所示。

图 8-54

图 8-55

提示　遮罩层不显示位图、渐变色、透明色和线条。

8.4 分散到图层

应用"分散到图层"命令，可以将同一图层上的多个对象分配到不同的图层中并为图层命名。如果对象是元件或位图，那么新图层的名字将按其原有的名字命名。

新建空白文档，选择"文本"工具 $\boxed{T}$，在"图层 1"的舞台窗口中输入英文"Flash"，如图 8-56 所示。选择"选择"工具 $\boxed{\nwarrow}$，选中文字，按 Ctrl+B 组合键，将英文打散，如图 8-57 所示。

选择"修改 > 时间轴 > 分散到图层"命令，或按 Ctrl+Shift+D 组合键，将"图层 1"中的英文分散到不同的图层中并按文字设定图层名，如图 8-58 所示。

图 8-56

图 8-57

图 8-58

提示

文字分散到不同的图层中后，"图层 1"中就没有任何对象了。

课堂练习——制作化妆品主图

🔗 练习知识要点

使用"椭圆"工具、"矩形"工具，制作形状动画；使用"创建补间形状"命令和"创建传统补间"命令，制作动画效果；使用"遮罩层"命令，制作遮罩动画效果。完成效果如图 8-59 所示。

图 8-59

扫码观看
本案例视频

效果所在位置

云盘/Ch08/效果/制作化妆品主图.fla。

课后习题——制作电商广告

习题知识要点

使用"添加传统运动引导层"命令，添加引导层；使用"钢笔"工具，绘制曲线条；使用"创建传统补间"命令，制作花瓣飘落动画效果。完成效果如图 8-60 所示。

图 8-60

效果所在位置

云盘/Ch08/效果/制作电商广告.fla。

09

第 9 章
声音素材的导入和编辑

　　在 Flash CS6 中可以导入外部的声音素材作为动画的背景音乐或音效。本章主要讲解声音素材的多种格式，以及导入声音素材和编辑声音素材的方法。通过学习这些内容，读者可以了解并掌握如何导入声音素材、编辑声音素材，从而使制作的动画音效更加生动。

课堂学习目标

- ✔ 掌握声音文件的格式
- ✔ 掌握导入声音素材的方法和技巧
- ✔ 掌握编辑声音素材的方法和技巧

9.1 音频的基本知识及声音素材的格式

在自然界中，声音以波的形式在空气中传播，声音的频率单位是赫兹（Hz），一般人听到的声音频率范围是 20～20 kHz，低于这个频率范围的声音为次声波，高于这个频率范围的声音为超声波。下面介绍一下关于音频的基本知识。

9.1.1 音频的基本知识

1. 采样频率

采样频率是指在进行数字录音时，单位时间内对模拟的音频信号进行提取样本的次数。采样频率越高，声音质量越好。Flash CS6 经常使用 44 kHz、22 kHz 或 11 kHz 的采样频率对声音进行采样。例如，使用 22 kHz 采样频率采样的声音，每秒钟要对声音进行 22 000 次分析，并记录每两次分析之间的差值。

2. 位分辨率

位分辨率是指描述每个音频采样点的比特位数。例如，8 位的声音采样表示 2 的 8 次方即 256 级。可以将较高位分辨率的声音转换为较低位分辨率的声音。

3. 压缩率

压缩率是指文件压缩前后大小的比率，用于描述数字声音的压缩效率。

9.1.2 声音素材的格式

Flash CS6 提供了许多使用声音素材的方式，它可以使声音独立于时间轴连续播放，或使动画和一个音轨同步播放；可以向按钮添加声音，使按钮具有更强的互动性；还可以通过声音淡入淡出产生更优美的声音效果。下面介绍可导入 Flash CS6 中的常见的声音文件格式。

1. WAV 格式

WAV 格式可以直接保存声音波形的采样数据，数据没有经过压缩，所以音质较好，但 WAV 格式的声音文件通常比较大，会占用较多的磁盘空间。

2. MP3 格式

MP3 格式是一种压缩的声音文件格式。同 WAV 格式相比，MP3 格式的文件大小通常只有 WAV 格式的十分之一。其优点为体积小、传输方便、声音质量较好，因此已经作为计算机和网络的主要音乐格式被广泛使用。

3. AIFF 格式

AIFF 格式支持 MAC 平台，支持 16 位 44 kHz 立体声。只有系统上安装了 QuickTime 4 或更高版本的软件，才可使用此声音文件格式。

4. AU 格式

AU 格式是一种压缩声音文件格式，只支持 8 位的声音，是互联网上常用的声音文件格式。只有系统上安装了 QuickTime 4 或更高版本，才可使用此声音文件格式。

声音文件要占用大量的磁盘空间和内存，所以，一般为提高作品在互联网上的下载速度，常使用 MP3 声音文件格式，因为它的声音资料经过了压缩，比 WAV 或 AIFF 格式的文件量小。在 Flash

CS6 中只能导入采样频率为 11 kHz、22 kHz 或 44 kHz，8 位或 16 位的声音。通常，为了作品在互联网上有较满意的下载速度而使用 WAV 或 AIFF 文件时，最好使用 16 位 22 kHz 单声。

9.2　导入并编辑声音素材

导入声音素材后，可以将其直接应用到动画作品中，也可以通过声音编辑器对其进行编辑，然后进行应用。

9.2.1　添加声音

1. 为动画添加声音

选择"文件 > 打开"命令，弹出"打开"对话框，选择动画文件，单击"打开"按钮，将文件打开，如图 9-1 所示。选择"文件 > 导入 > 导入到库"命令，在"导入到库"对话框中选择声音文件，单击"打开"按钮，将声音文件导入到"库"面板中，如图 9-2 所示。

创建新图层并将其命名为"声音"，作为放置声音文件的图层。在"库"面板中选中声音文件，按住鼠标不放，将其拖曳到舞台窗口中，如图 9-3 所示。

图 9-1

图 9-2

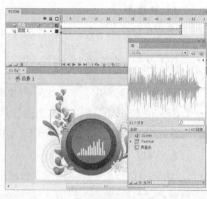
图 9-3

松开鼠标，在"声音"图层中出现声音文件的波形，如图 9-4 所示。声音添加完成，按 Ctrl+Enter 组合键，可以测试添加效果。

图 9-4

提示　　　一般情况下，将每个声音放在一个独立的图层上，使每个图层都作为一个独立的声音通道，这样在播放动画文件时，所有图层上的声音就混合在一起了。

2. 为按钮添加音效

选择"文件 > 打开"命令，弹出"打开"对话框，选择动画文件，单击"打开"按钮，将文件打开，在"库"面板中双击按钮元件"图标"，进入按钮元件"图标"的舞台编辑窗口，如图 9-5 所示。选择"文件 > 导入 > 导入到库"命令，在"导入"对话框中选择声音文件，单击"打开"按钮，将声音文件导入到"库"面板中，如图 9-6 所示。

单击"时间轴"面板下方的"新建图层"按钮 🗋，创建新图层并将其命名为"声音"，作为放置声音文件的图层，选中"声音"图层的"指针经过"帧，按 F6 键，在"指针"帧上插入关键帧，如图 9-7 所示。

图 9-5

图 9-6

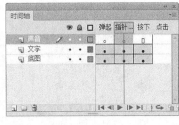

图 9-7

将"库"面板中的声音文件拖曳到按钮元件的舞台编辑窗口中，如图 9-8 所示。

松开鼠标，在"指针经过"帧中出现声音文件的波形，这表示动画开始播放后，当鼠标指针经过按钮时，按钮将响应音效，如图 9-9 所示。按钮音效添加完成，按 Ctrl+Enter 组合键，可以测试添加效果。

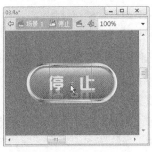

图 9-8

图 9-9

9.2.2　属性面板

在"时间轴"面板中选中声音文件所在图层的第 1 帧，按 Ctrl+F3 组合键，弹出帧"属性"面板，如图 9-10 所示，其中"声音"一栏的各选项含义如下。

"名称"选项：可以在此选项的下拉列表中选择"库"面板中的声音文件。

"效果"选项：可以在此选项的下拉列表中选择声音播放的效果，如图 9-11 所示。其中各选项的含义如下。

"无"选项：选择此选项，将不对声音文件应用效果。选择此选项后可以删除以前应用于声音的特效。

"左声道"选项：选择此选项，只在左声道播放声音。

"右声道"选项：选择此选项，只在右声道播放声音。

"向右淡出"选项：选择此选项，声音从左声道渐变到右声道。

"向左淡出"选项：选择此选项，声音从右声道渐变到左声道。

"淡入"选项：选择此选项，在声音的持续时间内逐渐增加其音量。

"淡出"选项：选择此选项，在声音的持续时间内逐渐减小其音量。

"自定义"选项：选择此选项，弹出"编辑封套"对话框，通过自定义声音的淡入和淡出点，创建自己的声音效果。

图 9-10

"同步"选项：此选项用于选择何时播放声音，其下拉列表如图 9-12 所示，其中各选项的含义如下。

图 9-11

图 9-12

"事件"选项：将声音和发生的事件同步播放。事件声音在它的起始关键帧开始显示时播放，并独立于时间轴播放完整段声音，即使影片文件停止也继续播放。当播放发布的 SWF 影片文件时，事件声音混合在一起。一般情况下，当用户单击一个按钮播放声音时选择事件声音。如果事件声音正在播放，而声音再次被实例化（如用户再次单击按钮），则第一个声音实例继续播放，另一个声音实例同时开始播放。

"开始"选项：与"事件"选项的功能相近，但如果所选择的声音实例已经在时间轴的其他地方播放，则不会播放新的声音实例。

"停止"选项：使指定的声音静音。在时间轴上同时播放多个声音时，可指定其中一个为静音。

"数据流"选项：使声音同步，以便在 Web 站点上播放。Flash CS6 强制动画和音频流同步。换句话说，音频流随动画的播放而播放，随动画的结束而结束。当发布 SWF 文件时，音频流混合在一起。一般给帧添加声音时使用此选项。音频流声音的播放长度不会超过它所占帧的长度。

提示　　在 Flash CS6 中有两种类型的声音：事件声音和音频流。事件声音必须完全下载后才能开始播放，并且除非明确停止，否则它将一直连续播放。音频流则可以在前几帧下载了足够的资料后就开始播放，音频流可以和时间轴同步，以便在 Web 站点上播放。

"重复"选项：用于指定声音循环的次数。可以在选项后的数值框中设置循环次数。

"循环"选项：用于循环播放声音。一般情况下，不循环播放音频流。如果将音频流设为循环播放，帧就会添加到文件中，文件的大小就会根据声音循环播放的次数而倍增。

"编辑声音封套"按钮 ✐：选择此选项，弹出"编辑封套"对话框，通过自定义声音的淡入和淡出点，创建自己的声音效果。

9.2.3　课堂案例——制作儿童英语

案例学习目标

使用声音文件为按钮添加音效。

案例知识要点

使用"文本"工具，输入英文字母；使用"对齐"面板，将按钮图形对齐。完成效果如图 9-13 所示。

图 9-13

扫码观看
本案例视频

扫码查看
扩展案例

效果所在位置

云盘/Ch09/效果/制作儿童英语.fla。

1. 绘制按钮图形

（1）选择"文件 > 新建"命令，弹出"新建文档"对话框，在"常规"选项卡中选择"ActionScript 3.0"选项，将"宽度"选项设为 800，"高度"选项设为 800，单击"确定"按钮，完成文档的创建。

（2）按 Ctrl+F8 组合键，弹出"创建新元件"对话框，在"名称"选项的文本框中输入"A"，在"类型"选项的下拉列表中选择"按钮"选项，如图 9-14 所示。单击"确定"按钮，新建按钮元件"A"。舞台窗口也随之转换为按钮元件的舞台窗口。

（3）选择"文件 > 导入 > 导入到舞台"命令，在弹出的"导入"对话框中，选择云盘中的"Ch09 > 素材 > 制作儿童英语 > 02"文件，单击"打开"按钮，文件被导入到舞台窗口中，如图 9-15 所示。

图 9-14　　　　　　　　　　　　　　　　　　图 9-15

（4）选择"文本"工具 T，在文本工具"属性"面板中进行设置，在舞台窗口中适当的位置输入大小为 50，字体为"方正卡通简体"的黑色英文，文字效果如图 9-16 所示。

（5）选中"图层 1"的"指针经过"帧，按 F6 键，插入关键帧。在"指针经过"帧所对应的舞台窗口中选中所有图形，按 Ctrl+T 组合键，弹出"变形"面板，将"缩放宽度"选项和"缩放高度"选项均设为 90，按 Enter 键，图形被缩小，效果如图 9-17 所示。选中字母，在文本工具"属性"面板中将文本颜色设为橘红色（#FF3300），效果如图 9-18 所示。

图 9-16　　　　　　　　　　图 9-17　　　　　　　　　　图 9-18

（6）选择"图层 1"的"点击"帧，按 F5 键，插入普通帧。在"时间轴"面板中创建新图层"图层 2"。选中"图层 2"的"指针经过"帧，按 F6 键，插入关键帧，如图 9-19 所示。

（7）选择"文件 > 导入 > 导入到库"命令，在弹出的"导入到库"对话框中，选择云盘中的"Ch09 > 素材 > 制作儿童英语 > A .wav"文件，单击"打开"按钮，将声音文件导入到"库"面板中。选中"图层 2"中的"指针经过"帧，将"库"面板中的声音文件"A .wav"拖曳到舞台窗口中，"时间轴"面板中的效果如图 9-20 所示。按钮元件"A"制作完成。

图 9-19　　　　　　　　　　　　　　　　　　图 9-20

（8）用鼠标右键单击"库"面板中的按钮元件"A"，在弹出的快捷菜单中选择"直接复制元件"命令，弹出"直接复制元件"对话框，在对话框中进行设置，如图 9-21 所示。单击"确定"按钮，生成按钮元件"B"，如图 9-22 所示。

（9）在"库"面板中双击按钮元件"B"，进入按钮元件的舞台窗口中。选中"图层 1"的"弹起"帧，选择"文本"工具 T，选中字母"A"，并将其更改为"B"，效果如图 9-23 所示。选中"图层 1"的"指针经过"帧，将字母"A"更改为"B"，效果如图 9-24 所示。

图 9-21   图 9-22

（10）选择"文件 > 导入 > 导入到库"命令，在弹出的"导入到库"对话框中，选择云盘中的"Ch09 >素材 > 制作儿童英语 > B .wav"文件，单击"打开"按钮，将声音文件导入到"库"面板中。选择"图层 2"的"指针经过"帧，在帧"属性"面板中选择"声音"选项组，在"名称"选项的下拉列表中选择"B"，如图 9-25 所示。

（11）用上述的方法制作其他按钮元件，并设置对应的声音文件，如图 9-26 所示。

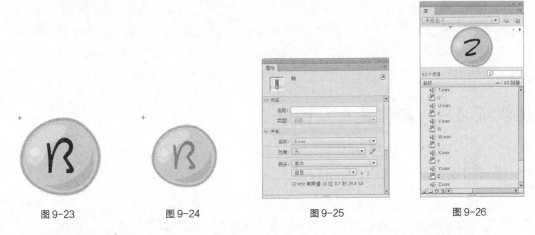

图 9-23   图 9-24   图 9-25   图 9-26

2．排列按钮元件

（1）单击舞台窗口左上方的"场景 1"图标 场景1，进入"场景 1"的舞台窗口。将"图层 1"重命名为"底图"。选择"文件 > 导入 > 导入到舞台"命令，在弹出的"导入"对话框中，选择云盘中的"Ch09 > 素材 > 制作儿童英语> 01"文件，单击"打开"按钮，文件被导入到舞台窗口中，如图 9-27 所示。

（2）在"时间轴"面板中创建新图层并将其命名为"按钮"。将"库"面板中的所有按钮元件都拖曳到舞台窗口中，并排列其位置，如图 9-28 所示。

（3）选择"选择"工具 ，按住 Shift 键的同时选中第 1 排中的 6 个按钮实例，如图 9-29 所示。按 Ctrl+K 组合键，弹出"对齐"面板，单击"顶对齐"按钮 ，将按钮以上边线为基准进行对齐。单击"水平居中分布"按钮 ，将按钮进行等间距对齐，效果如图 9-30 所示。

（4）用上述的方法对其他按钮实例分别进行对齐操作，效果如图 9-31 所示。儿童英语制作完成，按 Ctrl+Enter 组合键即可查看效果。

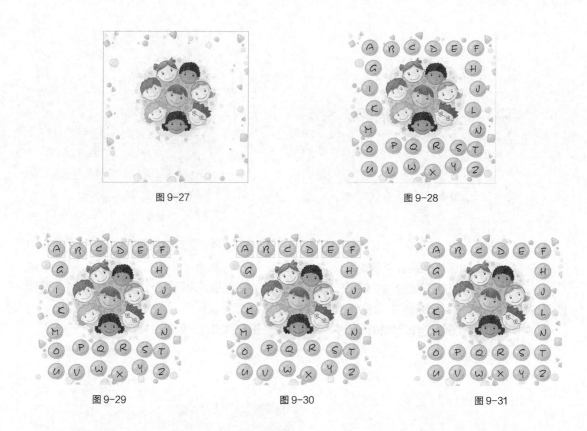

图 9-27   图 9-28

图 9-29   图 9-30   图 9-31

课堂练习——制作美食宣传单

练习知识要点

　　使用"变形"面板，缩放实例大小；使用"创建传统补间"命令，制作蛋糕的先后入场；使用"动作"面板，添加脚本语言；使用"导入"命令，导入声音文件。完成效果如图 9-32 所示。

扫码观看
本案例视频

图 9-32

◉ 效果所在位置

云盘/Ch09/效果/制作美食宣传单.fla。

课后习题——制作图片按钮

🔗 习题知识要点

使用"导入"命令，导入素材文件；使用"创建元件"命令，制作按钮元件并添加声音；使用"对齐"面板，将按钮进行对齐。完成效果如图 9-33 所示。

图 9-33

扫码观看
本案例视频

◉ 效果所在位置

云盘/Ch09/效果/制作图片按钮.fla。

10

第 10 章
动作脚本应用基础

在 Flash CS6 中，要实现一些复杂多变的动画效果就要使用动作脚本，可以通过输入不同的动作脚本来完成高难度的动画制作。本章主要讲解了动作脚本的基本术语和使用方法。通过学习这些内容，读者可以了解并掌握如何应用不同的动作脚本来实现千变万化的动画效果。

课堂学习目标

- 了解数据类型
- 掌握语法规则
- 掌握变量和函数
- 掌握表达式和运算符

10.1 动作脚本的使用

和其他脚本语言相同，Flash CS6 的动作脚本依照自己的语法规则，保留关键字、提供运算符，并且允许使用变量存储和获取信息。动作脚本包含内置的对象和函数，并且允许用户创建自己的对象和函数。动作脚本程序一般由语句、函数和变量组成，主要涉及数据类型、语法规则、变量、函数、表达式和运算符等。

10.1.1 数据类型

数据类型描述了动作脚本的变量或元素可以包含的信息种类。动作脚本有 2 种数据类型：原始数据类型和引用数据类型。原始数据类型是指 String（字符串）、Number（数字型）和 Bool（布尔型），它们拥有固定类型的值，因此可以包含它们所代表元素的实际值。引用数据类型是指影片剪辑和对象，它们值的类型是不固定的，因此它们包含对该元素实际值的引用。

下面将介绍各种数据类型。

1. String（字符串）

字符串是字母、数字和标点符号等字符的序列。字符串必须用一对双引号标记。字符串被当作字符而不是变量进行处理。

例如，在下面的语句中，"L7" 是一个字符串。

```
favoriteBand = "L7";
```

2. Number（数字型）

数字型是指数字的算术值，要进行正确的数学运算必须使用数字数据类型。可以使用算术运算符加（＋）、减（－）、乘（＊）、除（／）、求模（％）、递增（＋＋）和递减（－－）来处理数字，也可以使用内置的 Math 对象的方法处理数字。

例如，使用 sqrt()（平方根）方法返回数字 100 的平方根可使用如下语句。

```
Math.sqrt(100);
```

3. Boolean（布尔型）

值为 true 或 false 的变量被称为布尔型变量。动作脚本也会在需要时将值 true 和 false 转换为 1 和 0。在确定"是/否"的情况下，布尔型变量是非常有用的。在进行比较以控制脚本流的动作脚本语句中，布尔型变量经常与逻辑运算符一起使用。

例如，在下面的脚本中，如果变量 userName 和 password 为 true，则会播放该 SWF 文件。

```
onClipEvent (enterFrame) {
if (userName == true && password == true){
play( );
}
}
```

4. Movie Clip（影片剪辑型）

影片剪辑是 Flash 影片中可以播放动画的元件，它们是唯一引用图形元素的数据类型。Flash CS6 中的每个影片剪辑都是一个 Movie Clip 对象，它们拥有 Movie Clip 对象中定义的方法和属性。通过点（.）运算符可以调用影片剪辑内部的属性和方法。

例如以下调用。

```
my_mc.startDrag(true);
parent_mc.getURL("http://www.ptpress.com/support/" + product);
```

5. Object（对象型）

对象型指所有使用动作脚本创建的基于对象的代码。对象是属性的集合，每个属性都拥有自己的名称和值，属性的值可以是任何 Flash 数据类型，甚至可以是对象数据类型。通过（.）运算符可以引用对象中的属性。

例如，在下面的代码中，hoursWorked 是 weeklyStats 的属性，而 weeklyStats 是 employee 的属性。

```
employee.weeklyStats.hoursWorked
```

6. Null（空值）

空值数据类型只有一个值，即 null。这意味着没有值，即缺少数据。null 可以用在各种情况中，如作为函数的返回值、表明函数没有可以返回的值、表明变量还没有接收到值、表明变量不再包含值等。

7. Undefined（未定义）

未定义的数据类型只有一个值，即 undefined，用于尚未分配值的变量。如果一个函数引用了未在其他地方定义的变量，那么 Flash 将返回未定义的数据类型。

10.1.2 语法规则

动作脚本拥有自己的一套语法规则和标点符号，下面将进行介绍。

1. 点运算符

在动作脚本中，点（.）用于表示与对象或影片剪辑相关联的属性或方法，也可以用于标识影片剪辑或变量的目标路径。点（.）运算符表达式以影片或对象的名称开始，中间为点（.）运算符，最后是要指定的元素。

例如，_x 影片剪辑属性指示影片剪辑在舞台上的 x 轴位置，而表达式 ballMC._x 则引用了影片剪辑实例 ballMC 的 _x 属性。

又例如，submit 是 form 影片剪辑中设置的变量，此影片剪辑嵌在影片剪辑 shoppingCart 之中，表达式 shoppingCart.form.submit = true 将实例 form 的 submit 变量设置为 true。

无论是表达对象的方法还是表达影片剪辑的方法，均遵循同样的模式。例如，ball_mc 影片剪辑实例的 play() 方法在 ball_mc 的时间轴中移动播放头，如下面的语句所示。

```
ball_mc.play();
```

点语法还使用两个特殊别名——_root 和 _parent。别名 _root 是指主时间轴，可以使用 _root 别名创建一个绝对目标路径。例如，下面的语句调用主时间轴上影片剪辑 functions 中的函数 buildGameBoard()。

```
_root.functions.buildGameBoard();
```

可以使用别名 _parent 引用当前对象嵌入到的影片剪辑，也可以使用 _parent 创建相对目标路径。例如，如果影片剪辑 dog_mc 嵌入影片剪辑 animal_mc 的内部，则实例 dog_mc 的如下语句会指示 animal_mc 停止。

```
_parent.stop();
```

2. 界定符

（1）大括号：动作脚本中的语句被大括号包括起来组成语句块。例如下列脚本。

```
// 事件处理函数
on (release) {
  myDate = new Date( );
  currentMonth = myDate.getMonth( );
}
on(release)
{
  myDate = new Date( );
  currentMonth = myDate.getMonth( );
}
```

（2）分号：动作脚本中的语句可以由一个分号结尾。如果在结尾处省略分号，Flash CS6 仍然可以成功编译脚本。例如下列脚本。

```
var column = passedDate.getDay( );
var row = 0;
```

（3）圆括号：在定义函数时，任何参数定义都必须放在一对圆括号内。例如下列脚本。

```
function myFunction (name, age, reader){
}
```

调用函数时，需要被传递的参数也必须放在一对圆括号内。例如下列脚本。

```
myFunction ("Steve", 10, true);
```

可以使用圆括号改变动作脚本的优先顺序或增强程序的易读性。

3. 区分大小写

在区分大小写的编程语言中，仅大小写不同的变量名（如 book 和 Book）被视为互不相同。Action Script 2.0 中标识符区分大小写，例如，下面 2 条动作语句是不同的。

```
cat.hilite = true;
CAT.hilite = true;
```

对于关键字、类名、变量、方法名等，要严格区分大小写，如果关键字大小写出现错误，在编写程序时就会有错误信息提示。如果采用了彩色语法模式，那么正确的关键字将以深蓝色显示。

4. 注释

在"动作"面板中，使用注释语句可以在一个帧或者按钮的脚本中添加说明，有利于增强程序的易读性。注释语句以双斜线 // 开始，斜线显示为灰色，注释内容可以不考虑长度和语法，注释语句不会影响 Flash 动画输出时的文件大小。例如下列脚本。

```
on (release) {
// 创建新的 Date 对象
myDate = new Date( );
currentMonth = myDate.getMonth( );
// 将月份数转换为月份名称
monthName = calcMonth(currentMonth);
year = myDate.getFullYear( );
currentDate = myDate.getDate( );
}
```

5. 关键字

动作脚本保留一些单词用于该语言中的特定用途，因此不能将它们用作变量、函数或标签的名称。如果在编写程序的过程中使用了关键字，动作编辑框中的关键字会以蓝色显示。为了避免冲突，在命名时可以展开动作工具箱中的 Index 域，检查是否使用了已定义的关键字。

6. 常量

常量中的值永远不会改变。所有的常量可以在"动作"面板的工具箱和动作脚本字典中找到。

例如，常数 BACKSPACE、ENTER、QUOTE、RETURN、SPACE 和 TAB 是 Key 对象的属性，指代键盘的按键。若要测试是否按下了 Enter 键，可以使用下面的语句。

```
if(Key.getCode( ) == Key.ENTER) {
    alert = "Are you ready to play?";
    controlMC.gotoAndStop(5);
}
```

10.1.3 变量

变量是包含信息的容器。容器本身不会改变，但其内容可以更改。第一次定义变量时，最好为变量定义一个已知值，这就是初始化变量，通常在 SWF 文件的第 1 帧中完成。每一个影片剪辑对象都有自己的变量，而且不同的影片剪辑对象中的变量相互独立且互不影响。

变量中可以存储的常见信息类型包括 URL、用户名、数字运算的结果、事件发生的次数等。

为变量命名必须遵循以下规则。

（1）变量名在其作用范围内必须是唯一的。

（2）变量名不能是关键字或布尔值（true 或 false）。

（3）变量名必须以字母或下划线开始，由字母、数字、下划线组成，其间不能包含空格。（变量名没有大小写的区别）

变量的范围是指变量在其中已知并且可以引用的区域，它包含 3 种类型。

（1）本地变量。在声明它们的函数体（由大括号决定）内可用。本地变量的使用范围只限于它的代码块，会在该代码块结束时到期，其余的本地变量会在脚本结束时到期。若要声明本地变量，可以在函数体内部使用 var 语句。

（2）时间轴变量。可用于时间轴上的任意脚本。要声明时间轴变量，应在时间轴的所有帧上都初始化这些变量。应先初始化变量，然后再尝试在脚本中访问它。

（3）全局变量。对于文档中的每个时间轴和范围均可见。如果要创建全局变量，可以在变量名称前使用_global 标识符，不使用 var 语法。

10.1.4 函数

函数是用来对常量、变量等进行某种运算的方法，如产生随机数、进行数值运算、获取对象属性等。函数是一个动作脚本代码块，它可以在影片中的任何位置上重新使用。如果将值作为参数传递给函数，则函数将对这些值进行操作。函数也可以返回值。

调用函数可以用一行代码来代替一个可执行的代码块。函数可以执行多个动作，并为它们传递可选项。函数必须要有唯一的名称，以便在代码行中可以知道访问的是哪一个函数。

Flash CS6 具有内置的函数，可以访问特定的信息或执行特定的任务。例如，获得 Flash 播放器的版本号等。属于对象的函数叫方法，不属于对象的函数叫顶级函数，可以在"动作"面板的"函数"类别中找到。

每个函数都具备自己的特性，而且某些函数需要传递特定的值。如果传递的参数多于函数的需要，多余的值将被忽略；如果传递的参数少于函数的需要，空的参数会被指定为 undefined 数据类型，这在导出脚本时，可能会导致出现错误。如果要调用函数，该函数必须存在于播放头到达的帧中。

动作脚本提供了自定义函数的方法，用户可以自行定义参数，并返回结果。在主时间轴上或影片剪辑时间轴的关键帧中添加函数时，即是在定义函数。所有的函数都有目标路径。所有的函数都需要在名称后跟一对括号( )，但括号中是否有参数是可选的。一旦定义了函数，就可以从任何一个时间轴中调用它，包括加载的 SWF 文件的时间轴。

10.1.5　表达式和运算符

表达式是由常量、变量、函数和运算符按照运算法则组成的计算式。运算符是可以提供对数值、字符串、逻辑值进行运算的关系符号。运算符有很多种类，包括数值运算符、字符串运算符、比较运算符、逻辑运算符、位运算符和赋值运算符等。

1．算术运算符及表达式

算术表达式是数值进行运算的表达式。它由数值、以数值为结果的函数和算术运算符组成，运算结果是数值或逻辑值。

在 Flash CS6 中可以使用如下算术运算符。

+、−、*、/：执行加、减、乘、除运算。

==、<>：比较两个数值是否相等、不相等。

<、<=、>、>=：比较运算符前面的数值是否小于、小于等于、大于、大于等于后面的数值。

2．字符串表达式

字符串表达式是对字符串进行运算的表达式。它由字符串、以字符串为结果的函数和字符串运算符组成，运算结果是字符串或逻辑值。

在 Flash CS6 中可以使用如下字符串表达式的运算符。

&：连接运算符两边的字符串。

Eq、Ne：判断运算符两边的字符串是否相等、不相等。

Lt、Le、Qt、Qe：判断运算符左边字符串的 ASCII 码是否小于、小于等于、大于、大于等于右边字符串的 ASCⅡ码。

3．逻辑表达式

逻辑表达式是对正确、错误结果进行判断的表达式。它由逻辑值、以逻辑值为结果的函数、以逻辑值为结果的算术或字符串表达式和逻辑运算符组成，运算结果是逻辑值。

4．位运算符

位运算符用于处理浮点数。运算时先将操作数转化为 32 位的二进制数，然后对每个操作数分别按位进行运算，运算后再将二进制的结果按照 Flash 的数值类型返回。

动作脚本的位运算符包括&（位与）、/（位或）、^（位异或）、~（位非）、<<（左移位）、>>（右移位）、>>>（填 0 右移位）等。

5. 赋值运算符

赋值运算符的作用是为变量、数组元素或对象的属性赋值。

10.1.6　课堂案例——制作系统时钟

案例学习目标

使用脚本语言控制动画播放。

案例知识要点

使用"导入"命令，导入素材制作表针；使用"属性"面板，设置影片剪辑的名称；使用"动作"面板，设置脚本语言。完成效果如图10-1所示。

图10-1

扫码观看
本案例视频

扫码查看
扩展案例

效果所在位置

云盘/Ch10/效果/制作系统时钟.fla。

1. 导入素材创建元件

（1）选择"文件 > 新建"命令，弹出"新建文档"对话框，在"常规"选项卡中选择"ActionScript 2.0"选项，将"宽"选项设为800，"高"选项设为800，单击"确定"按钮，完成文档的创建。

（2）选择"文件 > 导入 > 导入到库"命令，在弹出的"导入到库"对话框中，选择云盘中的"Ch10 > 素材 > 制作系统时钟 > 01~06"文件，单击"打开"按钮，文件被导入到"库"面板中。

（3）在"库"面板中新建一个图形元件"时钟"，舞台窗口也随之转换为图形元件的舞台窗口。将"库"面板中的位图"04"拖曳到舞台窗口中，如图10-2所示。用相同的方法分别用"库"面板中的位图"05"和"06"文件，制作图形元件"分针"和"秒针"，如图10-3所示。

（4）在"库"面板中新建一个影片剪辑元件"hours"，舞台窗口也随之转换为影片剪辑元件的舞台窗口。将"库"面板中的图形元件"时针"拖曳到舞台窗口中，如图10-4所示。用相同的方法分别用"库"面板中的图形元件"分针"和"秒针"文件，制作影片剪辑元件"minutes"和"seconds"，如图10-5所示。

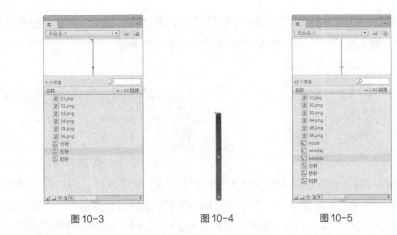

图 10-2　　　　　图 10-3　　　　　图 10-4　　　　　图 10-5

2. 为实例添加脚本语言

（1）单击舞台窗口左上方的"场景 1"图标 <img> 场景 1，进入"场景 1"的舞台窗口。将"图层 1"重命名为"底图"。将"库"面板中的位图"01"拖曳到舞台窗口中，如图 10-6 所示。选中"底图"图层的第 2 帧，按 F5 键，插入普通帧。

（2）在"时间轴"面板中创建新图层并将其命名为"钟表图"。将"库"面板中的位图"02"拖曳到舞台窗口中，并放置在适当的位置，如图 10-7 所示。

（3）在"时间轴"面板中创建新图层并将其命名为"文字"。将"库"面板中的位图"03"拖曳到舞台窗口中，并放置在适当的位置，如图 10-8 所示。

扫码观看
本案例视频

图 10-6　　　　　　　图 10-7　　　　　　　图 10-8

（4）在"时间轴"面板中创建新图层并将其命名为"时针"。将"库"面板中的影片剪辑元件"hours"拖曳到舞台窗口中，并将实例下方的十字图标与表盘的中心点重合，如图 10-9 所示。在舞台窗口中选中"hours"实例，选择"窗口 > 动作"命令，弹出"动作"面板。在"脚本窗口"中输入脚本语言，"动作"面板中的效果如图 10-10 所示。

图 10-9

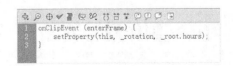

```
onClipEvent (enterFrame) {
    setProperty(this, _rotation, _root.hours);
}
```

图 10-10

（5）在"时间轴"面板中创建新图层并将其命名为"分针"。将"库"面板中的影片剪辑元件"minutes"拖曳到舞台窗口中，并将实例下方的十字图标与表盘的中心点重合，如图 10-11 所示。

在舞台窗口中选中"minutes"实例，选择"窗口 > 动作"命令，弹出"动作"面板。在"脚本窗口"中输入脚本语言，"动作"面板中的效果如图 10-12 所示。

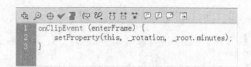

图 10-11   图 10-12

（6）在"时间轴"面板中创建新图层并将其命名为"秒针"。将"库"面板中的影片剪辑元件"seconds"拖曳到舞台窗口中，并将实例下方的十字图标与表盘的中心点重合，如图 10-13 所示。在舞台窗口中选中"seconds"实例，选择"窗口 > 动作"命令，弹出"动作"面板。在"脚本窗口"中输入脚本语言，"动作"面板中的效果如图 10-14 所示。

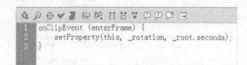

图 10-13   图 10-14

（7）在"时间轴"面板中创建新图层并将其命名为"动作脚本"。选中"动作脚本"图层的第 2 帧，按 F6 键，插入关键帧。选中"动作脚本"图层的第 1 帧，选择"窗口 > 动作"命令，弹出"动作"面板。在"脚本窗口"中输入脚本语言，"动作"面板中的效果如图 10-15 所示。

（8）选中"动作脚本"图层的第 2 帧，选择"窗口 > 动作"命令，弹出"动作"面板。在"脚本窗口"中输入脚本语言，"动作"面板中的效果如图 10-16 所示。系统时钟制作完成，按 Ctrl+Enter 组合键即可查看效果。

```
time = new Date( );
hours = time.getHours( );
minutes = time.getMinutes( );
seconds = time.getSeconds( );
if (hours>12) {
    hours = hours-12;
}
if (hours<1) {
    hours = 12;
}
hours = hours*30+int(minutes/2);
minutes = minutes*6+int(seconds/10);
seconds = seconds*6;
```

图 10-15   图 10-16

课堂练习——制作漫天飞雪

练习知识要点

使用"椭圆"工具和"颜色"面板，绘制雪花图形；使用"动作脚本"面板，添加脚本语言。完成效果如图 10-17 所示。

图 10-17

扫码观看
本案例视频

效果所在位置

云盘/Ch10/效果/制作漫天飞雪.fla。

课后习题——制作鼠标跟随效果

习题知识要点

使用"椭圆"工具和"颜色"面板，绘制鼠标跟随图形；使用"动作脚本"面板，添加脚本语言。完成效果如图 10-18 所示。

图 10-18

扫码观看
本案例视频

效果所在位置

云盘/Ch10/效果/制作鼠标跟随效果.fla。

第 11 章
制作交互式动画与组件

Flash 动画存在着交互性，可以通过对按钮的更改来控制动画的播放形式。本章主要讲解控制动画播放、声音改变、按钮状态变化的方法。通过学习这些内容，读者可以了解并掌握如何制作交互式动画，从而实现人机交互。

课堂学习目标

- ✔ 掌握播放和停止动画的方法
- ✔ 掌握控制声音的方法和技巧
- ✔ 掌握按钮事件的应用

11.1 播放和停止动画

本章开始，先引入"交互"的概念。交互就是用户通过菜单、按钮、键盘、输入文字等方式，来控制动画的播放。交互是为了在用户与计算机之间产生互动，对互相的指示做出相应的反应。交互式动画就是动画在播放时支持事件响应和交互功能的一种动画。动画在播放时不是从头播到尾，而是可以被用户控制。

在交互操作过程中，使用频率最多的就是控制动画的播放和停止。

11.2 控制声音

在制作 Flash 动画时，可以为其添加音乐和音效。可以通过对动作脚本的设置，实现在播放动画时，随意调节声音的大小及按照需要更改播放的曲目。

11.2.1 控制声音

新建空白文档，调出"属性"面板，在"属性"面板中选择"配置文件"选项组，在"目标"选项的下拉列表中选择"Flash Player 10.3"，在"属性"选项组中，将"宽度"设为 300，"高度"设为 250。

选择"文件 > 导入 > 导入到库"命令，在弹出的"导入到库"对话框中选择声音文件，单击"打开"按钮，声音文件被导入到"库"面板中，如图 11-1 所示。

用鼠标右键单击"库"面板中的声音文件，在弹出的快捷菜单中选择"属性"选项，在弹出的"声音属性"对话框中进行设置，如图 11-2 所示。单击"确定"按钮，完成属性的修改。

选择"窗口 > 公用库 > 按钮"命令，弹出公用库中的按钮"库-buttons.fla"面板（此面板是系统提供的），如图 11-3 所示。选中按钮"库-buttons.fla"面板中的"classic buttons"文件夹下的"Playback"子文件夹中的按钮元件"playback – play"和"playback – stop"，如图 11-4 所示。将其拖曳到舞台窗口中，效果如图 11-5 所示。

选中按钮"库-buttons.fla"面板中的"Knobs & Faders"文件夹中的按钮元件"fader – gain"，将其拖曳到舞台窗口中，效果如图 11-6 所示。

图 11-1

图 11-2

图 11-3

图 11-4

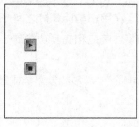
图 11-5

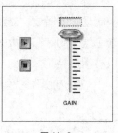
图 11-6

在舞台窗口中选中"playback－play"按钮实例，在按钮"属性"面板中，将"实例名称"选项设为 bofang，如图 11-7 所示。在舞台窗口中选中"playback－stop"按钮实例，在按钮"属性"面板中，将"实例名称"选项设为 ting，如图 11-8 所示。

图 11-7

图 11-8

选中"playback－play"按钮实例，选择"窗口＞动作"命令，弹出"动作"面板，在"脚本窗口"中设置脚本语言。"动作"面板中的效果如图 11-9 所示。

选中"playback－stop"按钮实例，在"动作"面板的"脚本窗口"中设置脚本语言。"动作"面板中的效果如图 11-10 所示。

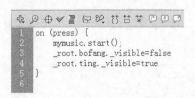
图 11-9

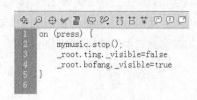
图 11-10

在"时间轴"面板中选中"图层 1"的第 1 帧，在"动作"面板的"脚本窗口"中设置脚本语言。"动作"面板中的效果如图 11-11 所示。

在"库"面板中双击影片剪辑元件"fader－gain"，舞台窗口随之转换为影片剪辑元件"fade－gain"的舞台窗口。在"时间轴"面板中选中图层"Layer 4"的第 1 帧，"动作"面板中显示出脚本语言。

将脚本语言的最后一句"sound.setVolume(level)"改为"_root.mymusic.setVolume(level)"，如图 11-12 所示。

单击舞台窗口左上方的"场景 1"图标  场景1，进入"场景 1"的舞台窗口。将舞台窗口中的"playback - play"按钮实例放置在"playback - stop"按钮实例上，效果如图 11-13 所示。按 Ctrl+Enter 组合键即可查看动画效果。

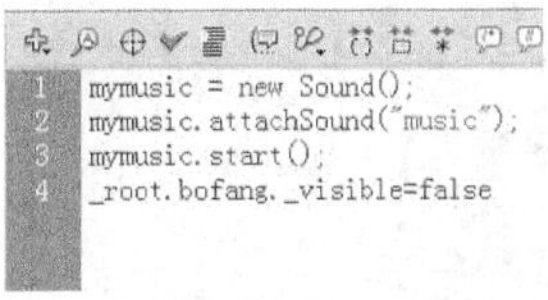

图 11-11 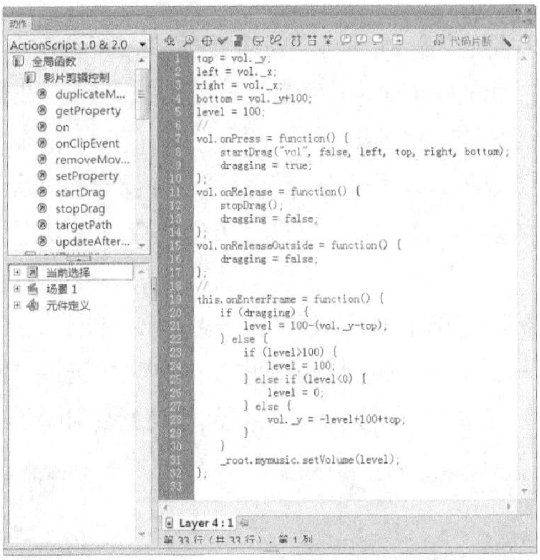　　　　　　　　　　　　图 11-12 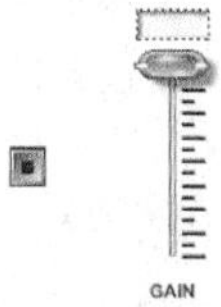　　　　　　　　　　　　图 11-13

11.2.2　课堂案例——制作音乐播放器

案例学习目标

使用脚本语言控制声音开关及音量。

案例知识要点

使用"矩形"工具和"多角星形"工具，绘制控制开关图形；使用"椭圆"工具，绘制滑动开关。完成效果如图 11-14 所示。

希文善琦

图 11-14

◎ **效果所在位置**

云盘/Ch11/效果/制作音乐播放器. fla。

1. 导入素材创建元件

（1）选择"文件 > 新建"命令，弹出"新建文档"对话框，在"常规"选项卡中选择"ActionScript 2.0"选项，将"宽度"选项设为 1000，"高度"选项设为 670，"背景颜色"选项设为灰色（ #666666 ），单击"确定"按钮，完成文档的创建。

（2）选择"文件 > 导入 > 导入到库"命令，在弹出的"导入到库"对话框中，选择云盘中的"Ch11 > 制作音乐播放器 > 01、02"文件，单击"打开"按钮，文件被导入到"库"面板中，如图 11-15 所示。

（3）在"库"面板下方单击"新建元件"按钮 ，弹出"创建新元件"对话框，在"名称"选项的文本框中输入"开始"，在"类型"选项的下拉列表中选择"影片剪辑"选项，单击"确定"按钮，新建影片剪辑元件"开始"，如图 11-16 所示。舞台窗口也随之转换为影片剪辑元件的舞台窗口。

图 11-15　　　　　　　　　　　　　　　图 11-16

（4）选择"多角星形"工具 ，在工具箱中将"笔触颜色"设为无，"填充颜色"设为黑色（#2F2F31），选中"对象绘制"按钮 ；在多角星形工具"属性"面板中，单击"工具设置"选项下的"选项"按钮，弹出"工具设置"对话框，将"边数"选项设为 3，如图 11-17 所示。单击"确定"按钮，按住 Shift 键的同时在舞台窗口中绘制 1 个正三角形，效果如图 11-18 所示。

（5）在"库"面板中新建影片剪辑元件"暂停"，舞台窗口也随之转换为影片剪辑元件的舞台窗口。选择"矩形"工具 ，在矩形工具"属性"面板中，将"笔触颜色"设为无，"填充颜色"设为黑色（#2F2F31），在舞台窗口中绘制 1 个矩形，效果如图 11-19 所示。选择"选择"工具 ，按住 Alt 键的同时向右下角拖曳到适当的位置，复制图形，如图 11-20 所示。

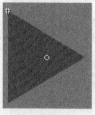

图 11-17　　　　　　　　图 11-18　　　　　　　　图 11-19　　　　　　　　图 11-20

（6）在"库"面板中新建影片剪辑元件"矩形条"，舞台窗口也随之转换为影片剪辑元件的舞台窗口。选择"基本矩形"工具，在基本矩形工具"属性"面板中，将"笔触颜色"设为无，"填充颜色"设为橘黄色（#FF9933），其他设置如图 11-21 所示。在舞台窗口中绘制 1 个圆角矩形，效果如图 11-22 所示。

图 11-21   图 11-22

（7）在"库"面板中新建影片剪辑元件"开关"，舞台窗口也随之转换为影片剪辑元件的舞台窗口。将"图层 1"重命名为"圆形"。选择"椭圆"工具，在工具箱中将"笔触颜色"设为无，"填充颜色"设为白色，将"Alpha"选项设为 50%，按住 Shift 键的同时，在舞台窗口中绘制 1 个圆形，效果如图 11-23 所示。

（8）在"时间轴"面板中创建新图层并将其命名为"开关"。将"库"面板中的影片剪辑元件"开始"拖曳到舞台窗口中，并放置在适当的位置，如图 11-24 所示。保持实例的选取状态，在实例"属性"面板"实例名称"选项的文本框中输入"stop_con"，如图 11-25 所示。

图 11-23   图 11-24   图 11-25

（9）选中"开关"图层的第 2 帧，按 F6 键，插入关键帧。将"库"面板中的影片剪辑元件"暂停"拖曳到舞台窗口中，并放置在适当的位置，如图 11-26 所示。保持实例的选取状态，在实例"属性"面板"实例名称"选项的文本框中输入"play_con"，如图 11-27 所示。

图 11-26   图 11-27

（10）在"时间轴"面板中创建新图层并将其命名为"动作脚本"。选中"动作脚本"图层的第 2 帧，按 F6 键，插入关键帧。选中"动作脚本"图层的第 1 帧，选择"窗口 > 动作"命令，弹出"动作"面板，在"动作"面板中设置脚本语言（脚本语言的具体设置可以参考附带资源中的实例原文件），"脚本窗口"中显示的效果如图 11-28 所示。在"动作脚本"图层的第 1 帧上显示出一个标记"a"。

（11）选中"动作脚本"图层的第 2 帧，在"动作"面板中设置脚本语言，"脚本窗口"中显示的效果如图 11-29 所示。设置好动作脚本后，关闭"动作"面板。在"动作脚本"图层的第 2 帧上显示出一个标记"a"。

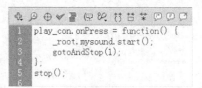

```
1  stop_con.onPress = function() {
2      _root.mysound.stop("one");
3      gotoAndStop(2);
4  };
5  stop();
```

图 11-28

```
1  play_con.onPress = function() {
2      _root.mysound.start();
3      gotoAndStop(1);
4  };
5  stop();
```

图 11-29

2. 制作场景动画

（1）单击舞台窗口左上方的"场景 1"图标 场景 1，进入"场景 1"的舞台窗口。将"图层 1"重命名为"底图"。将"库"面板中的位图"01"拖曳到舞台窗口的中心位置，如图 11-30 所示。

（2）在"时间轴"面板中创建新图层并将其命名为"矩形条"。将"库"面板中的影片剪辑元件"矩形条"拖曳到舞台窗口中，并放置在适当的位置，如图 11-31 所示。

图 11-30

图 11-31

（3）保持实例的选取状态，在实例"属性"面板"实例名称"选项的文本框中输入"bar_sound"，选择"色彩效果"选项组，在"样式"选项的下拉列表中选择"Alpha"，将其值设为 0%，如图 11-32 所示。效果如图 11-33 所示。

图 11-32

图 11-33

（4）在"时间轴"面板中创建新图层并将其命名为"按钮"。选择"基本椭圆"工具 ，在工具箱中将"笔触颜色"设为无，"填充颜色"设为绿色（#228DA7），按住 Shift 键的同时绘制 1 个圆形，如图 11-34 所示。

（5）按 F8 键，弹出"转换为元件"对话框，在"名称"选项的文本框中输入"按钮"，在"类型"选项的下拉列表中选择"影片剪辑"选项，其他选项的设置如图 11-35 所示。单击"确定"按钮，形状转换为影片剪辑元件。在实例"属性"面板"实例名称"选项的文本框中输入"bar_con2"，如图 11-36 所示。

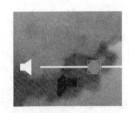

图 11-34

图 11-35

图 11-36

（6）在"时间轴"面板中创建新图层并将其命名为"开关"。将"库"面板中的影片剪辑元件"开关"拖曳到舞台窗口中，并放置在适当的位置，效果如图 11-37 所示。

（7）在"时间轴"面板中创建新图层并将其命名为"动作脚本"。调出"动作"面板，在"动作"面板中设置脚本语言，"脚本窗口"中显示的效果如图 11-38 所示。设置好动作脚本后，关闭"动作"面板。在"动作脚本"图层的第 1 帧上显示出一个标记"a"。

图 11-37

```
mysound = new Sound();
mysound.attachSound("one");
mysound.start();

bound_bar = bar_sound.getBounds(_root);
xmin_bs = bound_bar.xMin;
xmax_bs = bound_bar.xMax;

bar_con2.onPress = function() {
    startDrag(this, false, xmin_bs, this._y, xmax_bs, this._y);
};
bar_con2.onRelease = function() {
    stopDrag();
};
bar_con2.onReleaseOutside = function() {
    stopDrag();
};
bar_con2.onEnterFrame = function() {
    temp2 = (this._x-xmin_bs)/(xmax_bs-xmin_bs)*100;
    mysound.setVolume(temp2);
};
```

图 11-38

（8）用鼠标右键单击"库"面板中的声音文件"02.mp3"，在弹出的快捷菜单中选择"属性"命令，在弹出的"声音属性"对话框中进行设置，如图 11-39 所示。单击"确定"按钮，音乐播放器制作完成，按 Ctrl+Enter 组合键即可查看效果，如图 11-40 所示。

图 11-39   图 11-40

11.3 按钮事件

按钮是交互式动画的常用控制方式，用户可以利用按钮来控制和影响动画的播放，实现页面的链接、场景的跳转等功能。

将"库"面板中的按钮元件拖曳到舞台窗口中，如图 11-41 所示。选中按钮元件，选择"窗口 > 动作"命令，弹出"动作"面板，在面板中单击"将新项目添加到脚本中"按钮 ，在弹出的下拉菜单中选择"全局函数 > 影片剪辑控制 > on"命令，如图 11-42 所示。

图 11-41   图 11-42

在"脚本窗口"中显示出选择的脚本语言，在下拉列表中列出了多种按钮事件，如图 11-43 所示。

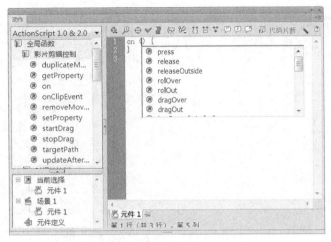

图 11-43

"press"（按下）：按钮被鼠标指针按下的事件。

"release"（弹起）：按钮被按下后，弹起时的动作，即鼠标按键被松开时的事件。

"releaseOutside"（在按钮外放开）：将按钮按下后，移动鼠标的指针到按钮外面，然后再松开鼠标的事件。

"rollOver"（指针经过）：鼠标指针经过目标按钮上的事件。

"rollOut"（指针离开）：鼠标指针进入目标按钮，然后再离开的事件。

"dragOver"（拖曳指向）：第 1 步，用鼠标选中按钮，并按住鼠标左键不放；第 2 步，继续按住鼠标左键并拖曳鼠标指针到按钮的外面；第 3 步，将鼠标指针再拖曳回到按钮上。

"dragOut"（拖曳离开）：用鼠标单击按钮后，按住鼠标左键不放，然后拖离按钮的事件。

"keyPress"（键盘按下）：当按下键盘时，事件发生。在下拉列表中系统设置了多个键盘按键名称，可以根据需要进行选择。

11.4 组件

组件是一些复杂的带有可定义参数的影片剪辑符号。一个组件就是一段影片剪辑，其中所带的参数由用户在创作 Flash 影片时进行设置，其中所带的动作脚本 API 供用户在运行时自定义组件。组件旨在让开发人员重用和共享代码，封装复杂功能，让用户在没有"动作脚本"时也能使用和自定义这些功能。

11.4.1 设置组件

选择"窗口 > 组件"命令，弹出"组件"面板，如图 11-44 所示。Flash CS6 提供了 3 类组件，包括媒体组件 Media、用于创建界面的 User Interface 类组件和控制视频播放的 Video 组件。

可以在"组件"面板中选中要使用的组件，将其直接拖曳到舞台窗口中，如图 11-45 所示。

图 11-44

图 11-45

在舞台窗口中选中组件，如图 11-46 所示。在"属性"面板中，显示出组件的参数，如图 11-47 所示。可以在参数值上单击，在数值框中输入数值，如图 11-48 所示。也可以在其下拉列表中选择相应的选项，如图 11-49 所示。

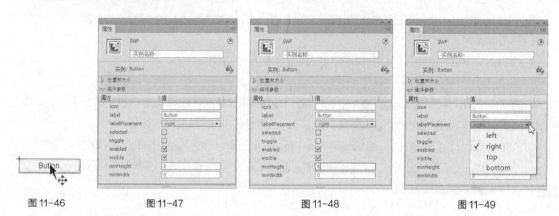

图 11-46　　　　图 11-47　　　　　　　图 11-48　　　　　　　图 11-49

11.4.2　组件分类与应用

下面将介绍几个典型组件的参数设置与应用。

1．Button 组件

Button 组件 ▭ 是一个可调整大小的矩形用户界面按钮。可以给按钮添加一个自定义图标，也可以将按钮的行为从按下改为切换。在单击切换按钮后，它将保持按下状态，直到再次单击时才会返回到弹起状态。用户可以在应用程序中启用或者禁用按钮，在禁用状态下，按钮不接收鼠标或键盘输入。

在"组件"面板中，将 Button 组件 ▭ 拖曳到舞台窗口中，如图 11-50 所示。

在"属性"面板中，显示出组件的参数选项，如图 11-51 所示。部分选项含义如下。

"icon"选项：为按钮添加自定义的图标。该值是库中影片剪辑或图形元件的链接标示符。

"label"选项：设置组件上显示的文字，默认状态下为"Button"。

"labelPlacement"选项：确定组件上的文字相对于图标的方向。

图 11-50   图 11-51

"selected"选项：如果"toggle"参数值为"true"，则该参数指定组件是处于按下状态"true"还是释放状态"false"。

"toggle"选项：将组件转变为切换开关。如果参数值为"true"，那么按钮在按下后保持按下状态，直到再次按下时才返回到弹起状态；如果参数值为"false"，那么按钮的行为与普通按钮相同。

"enabled"选项：设置组件是否为激活状态。

"visible"选项：设置组件的可见性。

2．CheckBox 组件

复选框是一个可以选中或取消选中的方框。用户可以在应用程序中启用或者禁用复选框。如果复选框已启用，用户单击它或者它的名称，复选框会出现对号标记 ✓ 显示为按下状态。如果用户在复选框或其名称上按下鼠标后，将鼠标指针移动到复选框或其名称的边界区域之外，那么复选框没有被按下，也不会出现对号标记 ✓。如果复选框被禁用，它会显示其禁用状态，而不响应用户的交互操作。在禁用状态下，按钮不接收鼠标或键盘输入。

在"组件"面板中，将 CheckBox 组件 ⊠ 拖曳到舞台窗口中，如图 11-52 所示。

在"属性"面板中，显示出组件的参数选项，如图 11-53 所示。各选项含义如下。

图 11-52

"label"选项：设置组件的名称，默认状态下为"CheckBox"。

"labelPlacement"选项：设置名称相对于组件的位置，默认状态下，名称在组件的右侧。

"selected"选项：将组件的初始值设为选中"true"或取消选中"false"。

下面将介绍 CheckBox 组件 ⊠ 的应用。

将 CheckBox 组件 ⊠ 拖曳到舞台窗口中，选择"属性"面板，在"label"选项的文本框中输入"火龙果"，如图 11-54 所示，组件的名称也随之改变，如图 11-55 所示。

用相同的方法再制作两个组件，如图 11-56 所示。按 Ctrl+Enter 组合键测试影片，可以随意勾选多个复选框，如图 11-57 所示。

图 11-53

图 11-54

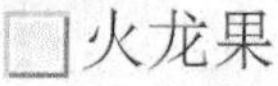

火龙果

图 11-55

在"labelPlacement"选项中可以选择名称相对于复选框的位置，如果选择"left"，那么名称在复选框的左侧，如图 11-58 所示。

如果将"火龙果"组件的"selected"选项设定为"true"，那么"火龙果"复选框的初始状态为被选中，如图 11-59 所示。

□火龙果	☑火龙果	火龙果□	 火龙果☑
□西瓜	☑西瓜	西瓜□	西瓜□
□香蕉	☑香蕉	香蕉□	香蕉□
图 11-56	图 11-57	图 11-58	图 11-59

3．ComboBox 组件

ComboBox 组件 可以向 Flash 影片中添加可滚动的单选下拉列表。组合框可以是静态的，也可以是可编辑的，使用静态组合框，用户可以从下拉列表中做出一项选择；使用可编辑的组合框，用户可以在列表顶部的文本框中直接输入文本，也可以从下拉列表中选择一项。如果下拉列表超出文档底部，该列表将会向上打开，而不是向下。

在"组件"面板中，将 ComboBox 组件 拖曳到舞台窗口中，如图 11-60 所示。

在"属性"面板中，显示出组件的参数选项，如图 11-61 所示。各选项含义如下。

"dataProvider"选项：设置下拉列表中显示的内容。

"editable"选项：设置组件为可编辑的"true"还是静态的"false"。

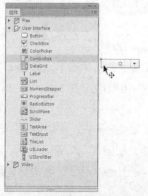

图 11-60

图 11-61

"enabled"选项：设置组件是否为激活状态。

"prompt"选项：设置组件的初始显示内容。

"restrict"选项：设置限定的范围。

"rowCount"选项：设置在组件下拉列表中不使用滚动条的话，一次最多可显示的项目数。

"visible"选项：设置组件的可见性。

下面将介绍 ComboBox 组件 的应用。

将 ComboBox 组件 拖曳到舞台窗口中，选择"属性"面板，单击"dataProvider"选项右侧的 ，弹出"值"对话框，如图 11-62 所示。在对话框中单击"加号"按钮 ，单击值，输入第一个要显示的值文字"一年级"，如图 11-63 所示。

用相同的方法添加多个值，如图 11-64 所示。

| 图 11-62 | 图 11-63 | 图 11-64 |

如果想删除一个值，可以先选中这个值，再单击"减号"按钮 进行删除。

如果想改变值的顺序，可以单击"向下箭头"按钮 或"向上箭头"按钮 进行调序。例如，要将值"六年级"向上移动，可以先选中它（被选中的值显示出灰色长条），再单击"向上箭头"按钮 3 次，值"六年级"就移动到了值"三年级"的上方，如图 11-65 和图 11-66 所示。

设置好值后，单击"确定"按钮，"属性"面板的显示如图 11-67 所示。

| 图 11-65 | 图 11-66 | 图 11-67 |

按 Ctrl+Enter 组合键测试影片，显示出下拉列表，下拉列表中的选项为刚才设置好的值，可以拖曳滚动条来查看选项，如图 11-68 所示。

如果在"组件检查器"面板中将"rowCount"选项的数值设置为"6"，如图 11-69 所示。表示下拉列表不使用滚动条的话，一次最多可显示的项目数为 6。按 Ctrl+Enter 组合键测试影片，显示出的下拉列表没有滚动条，列表中的全部选项为可见，如图 11-70 所示。

图 11-68　　　　　　　　　　　　图 11-69　　　　　　　　　　　　图 11-70

4. RadioButton 组件

RadioButton 组件是单选按钮。使用该组件可以强制用户只能选择一组选项中的一项。RadioButton 组件必须用于至少有两个 RadioButton 实例的组。在任何选定的时刻，都只有一个组成员被选中。选择组中的一个单选按钮，将取消选择组内当前已选定的单选按钮。

在"组件"面板中，将 RadioButton 组件拖曳到舞台窗口中，如图 11-71 所示。

在"属性"面板中，显示出组件的参数选项，如图 11-72 所示。各选项含义如下。

图 11-71　　　　　　　　　　　　图 11-72

"enabled"选项：设置组件是否为激活状态。

"groupName"选项：单选按钮的组名称，默认状态下为"RadioButtonGroup"。

"label"选项：设置单选按钮的名称，默认状态下为"Label"。

"labelPlacement"选项：设置名称相对于单选按钮的位置，默认状态下，名称在单选按钮的右侧。

"selected"选项：设置单选按钮初始状态下，是处于选中状态"true"还是未选中状态"false"。

"value"选项：设置在初始状态下，组件中显示的数值。

"visible"选项：设置组件的可见性。

5. ScrollPane 组件

ScrollPane 组件能够在一个可滚动区域中显示影片剪辑、JPEG 文件和 SWF 文件。可以让滚动条在一个有限的区域中显示图像。可以显示从本地位置或网络加载的内容。

ScrollPane 组件 既可以显示含有大量内容的区域，又不会占用大量的舞台空间。但要注意该组件只能显示影片剪辑，不能应用于文字。

在"组件"面板中，将 ScrollPane 组件 拖曳到舞台窗口中，如图 11-73 所示。

在"属性"面板中，显示出组件的参数选项，如图 11-74 所示。各选项含义如下。

图 11-73　　　　　　　　　　　　　图 11-74

"enabled"选项：设置组件是否为激活状态。

"horizontalLineScrollSize"选项：设置每次按下箭头时水平滚动条移动多少个单位，其默认值为 4。

"horizontalPageScrollSize"选项：设置每次按轨道时水平滚动条移动多少个单位，其默认值为 0。

"horizontalScrollPolicy"选项：设置是否显示水平滚动条。

选择"auto"时，可以根据电影剪辑与滚动窗口的相对大小来决定是否显示水平滚动条，在电影剪辑水平尺寸超出滚动窗口的宽度时会自动出现滚动条；选择"on"时，无论电影剪辑与滚动窗口的大小如何都显示水平滚动条；选择"off"时，无论电影剪辑与滚动窗口的大小如何都不显示水平滚动条。

"scrollDrag"选项：设置是否允许用户使用鼠标指针拖曳滚动窗口中的对象。选择"true"时，用户可以不通过滚动条而使用鼠标指针直接拖曳窗口中的对象。

"source"选项：一个要转换为对象的字符串，它表示源的实例名。

"vLineScrollSize"选项：设置每次按下箭头时垂直滚动条移动多少个单位，其默认值为 5。

"vPageScrollSize"选项：设置每次按轨道时垂直滚动条移动多少个单位，其默认值为 20。

"vScrollSizePolicy"选项：设置是否显示垂直滚动条。其用法与"horizontalScrollSizePolicy"相同。

"visible"选项：设置组件的可见性。

课堂练习——制作 VIP 登录界面

 **练习知识要点**

使用"导入"命令，导入素材制作按钮元件；使用"文本"工具，添加输入文本框；使用"动作"

面板，为按钮元件添加脚本语言。完成效果如图 11-75 所示。

图 11-75

扫码观看
本案例视频

效果所在位置

云盘/Ch11/效果/制作 VIP 登录界面.fla。

课后习题——制作汽车展示

习题知识要点

使用"导入到库"命令，导入素材图片；使用"椭圆"工具和"颜色"面板，绘制按钮图形；使用"对齐"面板，调整图片的对齐效果；使用"创建传统补间"命令，制作传统补间动画；使用"动作"面板，添加脚本语言。完成效果如图 11-76 所示。

图 11-76

扫码观看
本案例视频

扫码观看
本案例视频

扫码观看
本案例视频

效果所在位置

云盘/Ch11/效果/制作汽车展示.fla。

12

第 12 章
标志设计

一个企业的标志代表着这个企业的形象和文化，以及企业的服务水平、管理机制和综合实力。精美的标志动画可以在动态视觉上为企业进行形象推广。本章将主要介绍 Flash 动画中标志的导入以及动画的制作方法，同时学习如何应用不同的颜色设置和动画方式来更准确地诠释企业的精神。

课堂学习目标

✔ 了解标志设计的概念
✔ 了解标志设计的功能
✔ 掌握标志动画的设计思路
✔ 掌握标志动画的制作方法和技巧

12.1　标志设计概述

在科学技术飞速发展的今天，印刷、摄影和图像的信息传递作用越来越重要。这种非语言信息传递的发展具有了和语言信息传递相抗衡的竞争力量。标志，则是其中一种独特的信息传递方式。

标志，是表明事物特征的记号。它以单纯、显著、易识别的物象，图形或文字符号为直观语言，除标示什么、代替什么之外，还具有表达意义、情感和指令行动等作用。

标志具有功用性、识别性、显著性、多样性、艺术性、准确性等特点，其效果如图 12-1所示。

图 12-1

12.2　制作通信网络标志

12.2.1　案例分析

本例是为某通信网络公司制作的网页标志。本例要求标志设计要具有科技感与时尚感，将企业的理念和特色在设计中有所体现。

在设计制作过程中，标志以文字为主体，将万升网络四个字作为公司标志。在字体设计上进行变形，通过字体表现出向上、进取的企业形象。在"升"字的右上方制作成无线网络的标志，既与公司主旨相符，又独具特色，通过紫色与绿色的渐变表现出标志的时尚感。

本例将使用"导入"命令，导入素材文件；使用"文本"工具，输入标志名称；使用"钢笔"工具，添加画笔效果；使用"套索"工具和"选择"工具，删除文字笔画；使用"属性"面板，改变元件的颜色使标志产生阴影效果。

12.2.2　案例设计

本案例的效果如图 12-2 所示。

图 12-2

扫码观看
本案例视频

12.2.3　案例制作

1．输入文字

（1）选择"文件 > 新建"命令，弹出"新建文档"对话框，在"常规"选项卡中选择
"ActionScript 3.0"选项，将"宽度"选项设为 800，"高度"选项设为 527，单击"确定"按钮，
完成文档的创建。

（2）在"库"面板中新建图形元件"文字"，如图 12-3 所示。舞台窗口也随之转换为图形元件
的舞台窗口。将"图层 1"重命名为"文字"，如图 12-4 所示。选择"文本"工具 T，在文本工具
"属性"面板中进行设置，在舞台窗口中适当的位置输入大小为 137、字体为"汉真广标"的黑色文
字，文字效果如图 12-5 所示。选择"选择"工具 ▶，在舞台窗口中选中文字，按两次 Ctrl+B 组合
键，将文字打散。

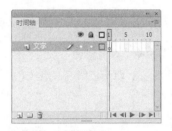

万升网络

图 12-3　　　　　　　图 12-4　　　　　　　　　　　　　图 12-5

（3）选择"套索"工具 ，在工具箱下方选中"多边形模式"按钮 ，全选"万"字右下角的
笔画，如图 12-6 所示。按 Delete 键将其删除，效果如图 12-7 所示。

（4）选择"选择"工具 ▶，在"升"字的右上角拖曳一个矩形，如图 12-8 所示。松开鼠标将
其选中，按 Delete 键将其删除，效果如图 12-9 所示。用相同的方法将"络"字制作出如图 12-10
所示的效果。

万　万升网　升　万升网络

图 12-6　　　图 12-7　　　　　图 12-8　　　　　图 12-9　　　　　　图 12-10

（5）在"时间轴"面板中创建新图层并将其命名为"文字装饰"。选择"文本"工具 T，在文本工具"属性"面板中进行设置，在舞台窗口中适当的位置输入大小为116、字体为"Blippo Blk BT"的黑色英文，文字效果如图12-11所示。

（6）选择"选择"工具 ，选中英文"e"，将其拖曳到"络"字的右下方，按Ctrl+B组合键将其打散，取消选择，效果如图12-12所示。

（7）选择"任意变形"工具 ，选中字母"e"，在字母周围出现控制点，如图12-13所示。选中矩形下侧中间的控制点向上拖曳到适当的位置，改变字母的高度，效果如图12-14所示。

| 图12-11 |  图12-12 |  图12-13 |  图12-14 |

（8）在"时间轴"面板中创建新图层并将其命名为"钢笔装饰"。选择"钢笔"工具 ，在钢笔工具"属性"面板中，将"笔触颜色"设为红色（#FF0000），"笔触"选项设为1，在"万"字的右下方单击鼠标，设置起始点，如图12-15所示。在空白处单击鼠标，设置第2个节点，按住鼠标不放，向左上拖曳控制手柄，调节控制手柄改变路径的弯度，效果如图12-16所示。使用相同的方法，应用"钢笔"工具 绘制出如图12-17所示的边线效果。

图12-15　　　　　图12-16　　　　　　　　图12-17

（9）选择"颜料桶"工具 ，在工具箱中将"填充颜色"设为黑色，在边线内部单击鼠标，填充图形，如图12-18所示。选择"选择"工具 ，双击边线将其选中，按Delete键将其删除，效果如图12-19所示。

图12-18 　　　　　　　　　　　　　　图12-19

（10）在"时间轴"面板中创建新图层并将其命名为"无线图标"。选择"椭圆"工具 ，在工具箱中将"笔触颜色"设为无，"填充颜色"设为黑色，在"升"字的右上角绘制1个圆，如图12-20所示。

（11）选择"基本椭圆"工具 ，在基本椭圆工具"属性"面板中，将"笔触颜色"设为黑色，"填充颜色"设为无，"笔触"选项设为4，其他选项的设置如图12-21所示。在"升"字的右上角绘制1个开放弧，如图12-22所示。用相同的方法绘制出如图12-23所示的效果。

图 12-20

图 12-21

图 12-22

图 12-23

2. 制作标志

（1）单击舞台窗口左上方的"场景 1"图标 场景 1，进入"场景 1"的舞台窗口。将"图层 1"重命名为"底图"。按 Ctrl+R 组合键，在弹出的"导入"对话框中，选择云盘中的"Ch12 > 素材 > 制作通信网络标志 > 01"文件，单击"打开"按钮，文件被导入到舞台窗口中，效果如图 12-24 所示。

（2）在"时间轴"面板中创建新图层并将其命名为"标志"。将"库"面板中的图形"文字"拖曳到舞台窗口中，如图 12-25 所示。

图 12-24

图 12-25

（3）选择"选择"工具 ，在舞台窗口中选中"文字"实例，在图形"属性"面板中选择"色彩效果"选项组，在"样式"选项的下拉列表中选择"色调"，各选项的设置如图 12-26 所示，舞台窗口中的效果如图 12-27 所示。

图 12-26

图 12-27

（4）在"时间轴"面板中创建新图层并将其命名为"变色"。将"库"面板中的图形元件"文字"再次拖曳到舞台窗口中，并将其放置到适当的位置，使标志产生阴影效果，如图 12-28 所示。按两次

Ctrl+B 组合键，将其打散。选择"修改 > 形状 > 将线条转换为填充"命令，将线条转为填充。

（5）选择"窗口 > 颜色"命令，弹出"颜色"面板，选择"填充颜色"选项🎨 ⬜，在"颜色类型"选项的下拉列表中选择"线性渐变"，在色带上将渐变色设为从紫色（#30278B）、绿色（#00E704）到深绿色（#18A317），共设置 3 个控制点，生成渐变色，如图 12-29 所示。

（6）选择"颜料桶"工具🎨，在文字上从上向下拖曳渐变色。松开鼠标后，渐变色被填充，效果如图 12-30 所示。通信网络公司标志制作完成，按 Ctrl+Enter 组合键即可查看效果。

图 12-28   图 12-29   图 12-30

12.3　制作童装网页标志

12.3.1　案例分析

本例是为靓宝贝童装公司设计制作的网页标志。在网页标志设计上公司希望能够结合行业特色，表现出品牌的创新与品质。

在设计思路上，从公司的品牌名称入手，对"靓宝贝"文字进行变形设计和处理，文字设计后的风格和品牌定位紧密结合，充分运用符合童装的卡通可爱的元素。标志颜色采用绿色，在黄色底色的衬托下使标志更加独特，并且在标志的周围使用红色圆点进行装饰，使标志更加丰富。

本例将使用"文本"工具，输入标志名称；使用"选择"工具，删除多余的笔画；使用"椭圆"工具和"钢笔"工具，绘制笑脸图形；使用"椭圆"工具和"变形"面板，制作花形图案；使用"属性"面板，设置笔触样式，制作底图图案。

12.3.2　案例设计

本案例的完成效果如图 12-31 所示。

扫码观看
本案例视频

图 12-31

12.3.3 案例制作

1. 输入文字

（1）选择"文件 > 新建"命令，弹出"新建文档"对话框，在"常规"选项卡中选择"ActionScript 3.0"选项，单击"确定"按钮，完成页面的创建。按 Ctrl+F8 组合键，弹出"创建新元件"对话框，在"名称"选项的文本框中输入"标志"，在"类型"选项的下拉列表中选择"图形"，如图 12-32 所示，单击"确定"按钮，新建图形元件"标志"，舞台窗口也随之转换为图形元件的舞台窗口。

（2）将"图层 1"重命名为"文字"。选择"文本"工具 T ，在文本工具"属性"面板中进行设置，在舞台窗口中适当的位置输入大小为 170，字体为"方正准圆繁体"的绿色（#009900）文字，文字效果如图 12-33 所示。

图 12-32 　　　　　　　　　　　　　　图 12-33

（3）选择"文本"工具 T ，选中文字"靓"，如图 12-34 所示，在文本工具"属性"面板中，将"系列"选项设为"方正准圆简体"，效果如图 12-35 所示。选择"选择"工具 ，选中文字，按两次 Ctrl+B 组合键，将文字打散。分别框选中"寶""貝"两个字，将其向左移动，效果如图 12-36 所示。

图 12-34 　　　　　　　图 12-35 　　　　　　　图 12-36

2. 删除笔画

（1）选择"选择"工具 ，在"靓"字的左上角拖曳 1 个矩形，如图 12-37 所示。松开鼠标将其选中，按 Delete 键将其删除，效果如图 12-38 所示。

图 12-37　　　　　　　　　　　　　图 12-38

（2）按住 Shift 键的同时用鼠标单击"寶""貝"下方的笔画，将其选中，如图 12-39 所示。按 Delete 键将其删除，效果如图 12-40 所示。

图 12-39 　　　　　　　　　　　　　图 12-40

3. 绘制笑脸装饰

（1）在"时间轴"面板中创建新图层并将其命名为"笑脸"。选择"椭圆"工具 ⚪ ，在椭圆工具"属性"面板中，将"笔触颜色"设为绿色（#009900），"填充颜色"设为无，"笔触"选项设为10，按住 Shift 键的同时在"靓"字的左上角绘制 1 个圆形，如图 12-41 所示。

（2）在工具箱中将"笔触颜色"设为无，"填充颜色"设为绿色（#009900），绘制两个椭圆，如图 12-42 所示。选择"钢笔"工具 ✒ ，在钢笔工具"属性"面板中，将"笔触颜色"设为黑色，"笔触"选项设为1，绘制 1 个闭合边线，如图 12-43 所示。

（3）选择"颜料桶"工具 🪣 ，在工具箱中将"填充颜色"设为绿色（#009900），在闭合边线内部单击鼠标，填充颜色，效果如图 12-44 所示。选择"选择"工具 ▸ ，双击边线将其选中，按 Delete 键将其删除。

图 12-41　　　　　图 12-42　　　　　图 12-43　　　　　图 12-44

4. 钢笔绘制

（1）在"时间轴"面板中创建新图层并将其命名为"钢笔绘制"。选择"钢笔"工具 ✒ ，在"寶"字的左下角单击鼠标，设置起始点，如图 12-45 所示。在右侧的空白处单击，设置第 2 个节点，按住鼠标不放，向上拖曳控制手柄，调节控制手柄改变路径的弯度，效果如图 12-46 所示。使用相同的方法，应用"钢笔"工具 ✒ 绘制出 1 个闭合边线，效果如图 12-47 所示。

图 12-45　　　　　　　图 12-46　　　　　　　图 12-47

（2）选择"颜料桶"工具 🪣 ，在闭合边线内部单击鼠标，填充颜色，如图 12-48 所示。选择"选择"工具 ▸ ，双击边线将其选中，如图 12-49 所示。按 Delete 键将其删除，效果如图 12-50 所示。

图 12-48　　　　　　　图 12-49　　　　　　　图 12-50

（3）用上述的方法制作出如图 12-51 所示的效果。选择"选择"工具 ▸ ，选中"寶"字下方的图形，按住 Alt 键的同时向右拖曳鼠标到适当的位置，复制图形，如图 12-52 所示。选择"修改 > 变形 > 水平翻转"命令，将图形水平翻转，效果如图 12-53 所示。

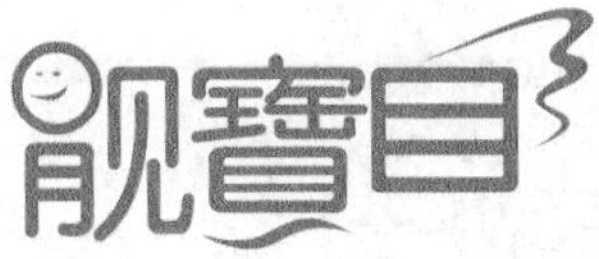

图12-51

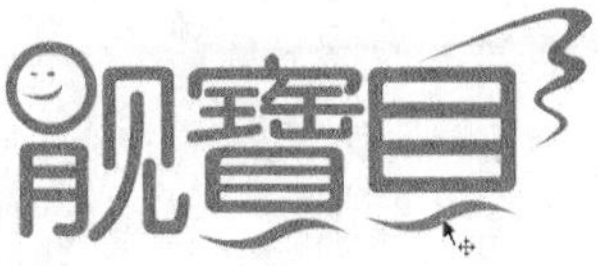

图12-52

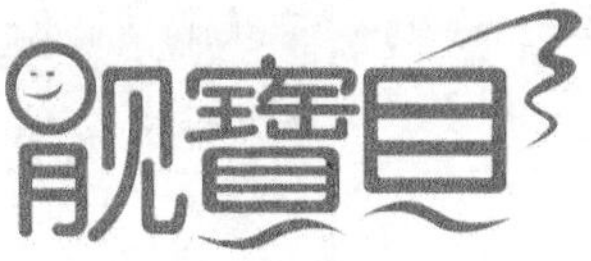

图12-53

5. 添加花朵图案

（1）按 Ctrl+F8 组合键，弹出“创建新元件”对话框，在“名称”选项的文本框中输入“花瓣”，在“类型”选项的下拉列表中选择“图形”，单击“确定”按钮，新建图形元件“花瓣”，舞台窗口也随之转换为图形元件的舞台窗口。

（2）选择“椭圆”工具，在工具箱中将“笔触颜色”设为无，“填充颜色”设为绿色（#009900），选中下方的“对象绘制”按钮，在舞台窗口中绘制出 1 个垂直椭圆形，效果如图 12-54 所示。

（3）选择“部分选取”工具，在椭圆形的外边线上单击，出现多个节点，如图 12-55 所示。选择“删除锚点”工具，单击需要的节点将其删除，效果如图 12-56 所示。使用相同的方法，删除其他节点，如图 12-57 所示。

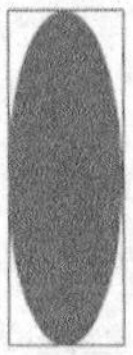

图12-54

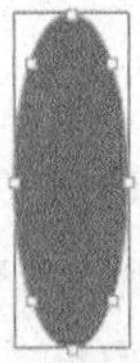

图12-55

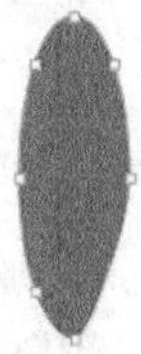

图12-56

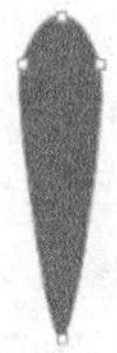

图12-57

（4）选择“任意变形”工具，单击图形，出现控制点，将中心点移动到如图 12-58 所示的位置，按 Ctrl+T 组合键，弹出“变形”面板，单击“重制选区和变形”按钮，复制出 1 个图形，将“旋转”选项设为 45，如图 12-59 所示。图形效果如图 12-60 所示。

（5）再单击“重制选区和变形”按钮6 次，复制出 6 个图形，效果如图 12-61 所示。

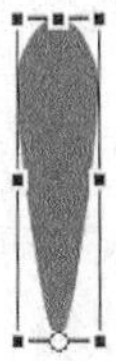

图12-58

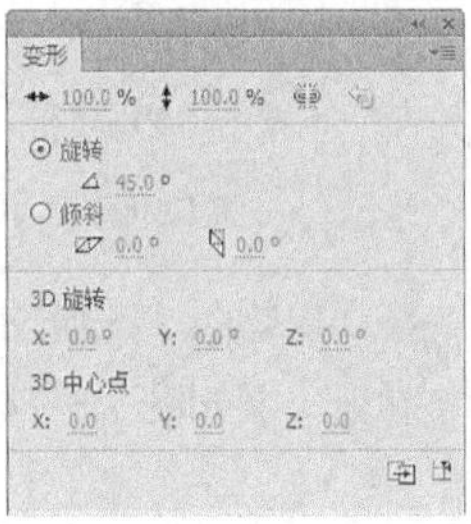

图12-59

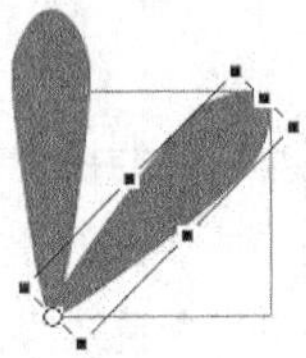

图12-60

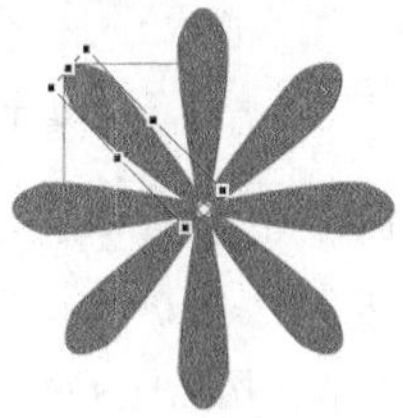

图12-61

（6）在“库”面板中双击图形元件“标志”，进入图形元件的舞台窗口中。在“时间轴”面板中创建新图层并将其命名为“花瓣”，如图 12-62 所示。将“库”面板中的图形元件“花瓣”拖曳到舞台窗口中，并放置在适当的位置，如图 12-63 所示。

（7）选择“选择”工具，选中舞台窗口中的“花瓣”实例，在图形“属性”面板中选择“色彩效果”选项组，在“样式”选项的下拉列表中选择“Alpha”，将其值设为 23%，效果如图 12-64 所示。

图 12-62

图 12-63

（8）将"库"面板中的图形元件"花瓣"再次向舞台窗口中拖曳 2 个，调整其大小和不透明度并放置在适当的位置，效果如图 12-65 所示。

图 12-64

图 12-65

6. 添加底图

（1）单击舞台窗口左上方的"场景 1"图标 场景1，进入"场景 1"的舞台窗口。将"图层 1"重命名为"底图"。选择"椭圆"工具 ，在椭圆工具"属性"面板中，将"笔触颜色"设为红色（#FF0000），"填充颜色"设为黄色（#FFFF00），"笔触"选项设为 38，其他选项的设置如图 12-66 所示。在舞台窗口中绘制椭圆形，效果如图 12-67 所示。

图 12-66

图 12-67

（2）在"时间轴"面板中创建新图层并将其命名为"标志"，如图 12-68 所示。将"库"面板中的图形元件"标志"拖曳到舞台窗口中，并放置在适当的位置，效果如图 12-69 所示。童装网页标志制作完成，按 Ctrl+Enter 组合键即可查看效果。

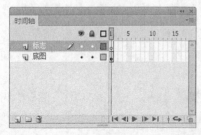

图 12-68

图 12-69

12.4 制作叭哥影视标志

12.4.1 案例分析

本例是为"叭哥影视"设计制作的标志。要求标志能紧扣公司名称，表现出公司的优势与特色，并且独具个性。

在设计构想上，标志的主体使用八哥形象，紧扣公司主题，醒目直观的表现手法使整个标志充满时尚与个性感，迎合年轻人的喜好，颜色的深浅变化使其具有立体感，文字同样醒目直观、具有设计感，简单大方且易于解读，让人一目了然。

本例将使用"文本"工具，输入标志名称；使用"钢笔"工具，绘制标志轮廓；使用"颜料桶"工具，填充图形颜色；使用"椭圆"工具，绘制眼睛。

12.4.2 案例设计

本案例的效果如图 12-70 所示。

扫码观看
本案例视频

图 12-70

12.4.3 案例制作

1. 绘制头部和嘴巴

（1）选择"文件 > 新建"命令，弹出"新建文档"对话框，在"常规"选项卡中选择"ActionScript 3.0"选项，将"宽度"选项设为 550，"高度"选项设为 400，单击"确定"按钮，完成文档的创建。

（2）将"图层 1"重命名为"头部"，如图 12-71 所示。选择"钢笔"工具，在钢笔工具"属性"面板中，将"笔触颜色"设为黑色，"填充颜色"设为无，"笔触"选项设为 1，单击工具箱下方的"对象绘制"按钮，在舞台窗口中绘制 1 个闭合边线，效果如图 12-72 所示。

（3）选择"选择"工具，在舞台窗口中选中闭合边线，如图 12-73 所示。在工具箱中将"填充颜色"设为绿色（#639335），"笔触颜色"设为无，效果如图 12-74 所示。

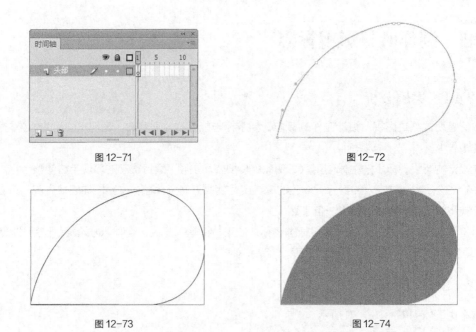

图 12-71 图 12-72

图 12-73 图 12-74

（4）按 Ctrl+C 组合键，复制图形。在"时间轴"面板中创建新图层并将其命名为"嘴巴"，如图 12-75 所示。按 Ctrl+Shift+V 组合键，将复制的图形原位粘贴到"嘴巴"图层中，按 Ctrl+B 组合键，将图形打散，效果如图 12-76 所示。

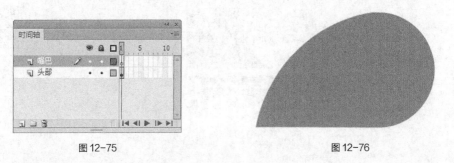

图 12-75 图 12-76

（5）选择"椭圆"工具 ，在工具箱中将"笔触颜色"设为红色（#FF0000），"填充颜色"设为无，单击工具箱下方的"对象绘制"按钮 ，取消选择。在舞台窗口中适当的位置绘制 1 个椭圆，如图 12-77 所示。选择"选择"工具 ，选中图 12-78 所示的图形，按 Delete 键，将其删除。

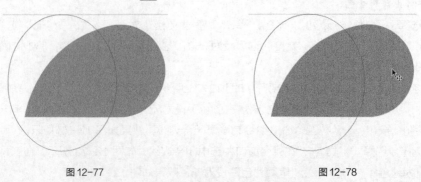

图 12-77 图 12-78

（6）选择"颜料桶"工具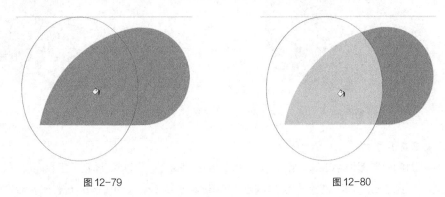，在工具箱中将"填充颜色"设为黄色（#F5C51F），将鼠标指针放置在图 12-79 所示的位置，单击鼠标填充颜色，效果如图 12-80 所示。

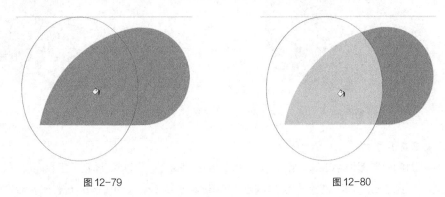

图 12-79   图 12-80

（7）单击"时间轴"面板中的"嘴巴"图层，将该层中的对象全部选中，在工具箱中将"笔触颜色"设为无，效果如图 12-81 所示。选择"钢笔"工具，在工具箱中将"笔触颜色"设为红色（#FF0000），在舞台窗口中适当的位置绘制闭合边线，效果如图 12-82 所示。

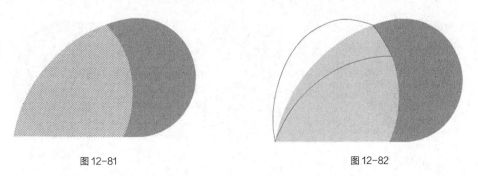

图 12-81   图 12-82

（8）选择"颜料桶"工具，在工具箱中将"填充颜色"设为浅黄色（#F5D848），将鼠标指针放置在图 12-83 所示的位置，单击鼠标填充颜色，效果如图 12-84 所示。

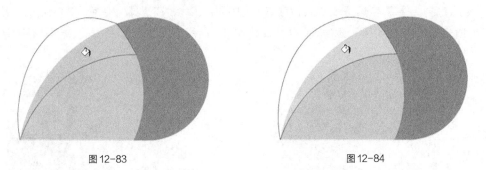

图 12-83   图 12-84

（9）单击"时间轴"面板中的"嘴巴"图层，将该层中的对象全部选中，在工具箱中将"笔触颜色"设为无，效果如图 12-85 所示。选择"椭圆"工具，在工具箱中将"笔触颜色"设为无，"填充颜色"设为黑色，单击工具箱下方的"对象绘制"按钮，按住 Shift 键的同时在舞台窗口中绘制1 个圆，如图 12-86 所示。

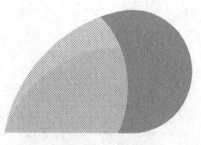

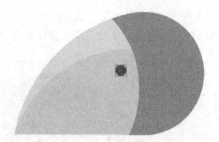

图 12-85 图 12-86

2. 绘制眼睛和身体

（1）在"时间轴"面板中创建新图层并将其命名为"眼睛"。选择"椭圆"工具 ，在工具箱中将"笔触颜色"设为无，"填充颜色"设为灰色（#E5E5E4），按住 Shift 键的同时在舞台窗口中适当的位置绘制 1 个圆，效果如图 12-87 所示。

（2）在工具箱中将"填充颜色"设为白色，按住 Shift 键的同时在舞台窗口中适当的位置绘制 1 个圆，效果如图 12-88 所示。用相同的方法再次绘制 1 个黑色的圆，效果如图 12-89 所示。

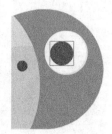

图 12-87 图 12-88 图 12-89

（3）在"时间轴"面板中创建新图层并将其命名为"脖子"。选择"钢笔"工具 ，在工具箱中将"笔触颜色"设为红色（#FF0000），在舞台窗口中绘制闭合边线，如图 12-90 所示。

（4）选择"选择"工具 ，在舞台窗口中选中闭合边线，在工具箱中将"填充颜色"设为深绿色（#013333），"笔触颜色"设为无，效果如图 12-91 所示。

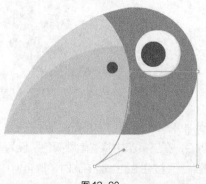

图 12-90 图 12-91

（5）在"时间轴"面板中，将"脖子"图层拖曳到"头部"图层的下方，如图 12-92 所示。效果如图 12-93 所示。

图 12-92

图 12-93

（6）在"眼睛"图层的上方创建新图层并将其命名为"文字"。选择"文本"工具 [T]，在文本工具"属性"面板中进行设置，在舞台窗口中适当的位置输入大小为 79.2、字体为"腾祥细潮黑简"的深绿色（#013333）文字，文字效果如图 12-94 所示。

（7）在文本工具"属性"面板中进行设置，在舞台窗口中适当的位置输入大小为 20.2、"字母间距"为 17.4、字体为"ITC Avant Garde Gothic"的绿色（#036435）英文，效果如图 12-95 所示。叭哥影视标志制作完成，按 Ctrl+Enter 组合键即可查看效果。

图 12-94

图 12-95

课堂练习——制作音乐标志

🔗 练习知识要点

使用"矩形"工具、"椭圆"工具、"钢笔"工具，绘制 logo 主体图形；使用"水平翻转"命令，翻转图形；使用"文本"工具，输入标志文字。完成效果如图 12-96 所示。

图 12-96

效果所在位置

云盘/Ch12/效果/制作音乐标志.fla。

课后习题——制作时尚网络标志

习题知识要点

使用"选择"工具和"套索"工具，删除多余的笔画；使用"部分选取"工具，将文字变形；使用"椭圆"工具和"钢笔"工具，添加艺术笔画。完成效果如图 12-97 所示。

图 12-97

效果所在位置

云盘/Ch12/效果/制作时尚网络标志.fla。

13

第 13 章
贺卡设计

用 Flash CS6 软件制作的贺卡在网络上应用广泛，设计精美的 Flash 动画贺卡可以传递温馨的祝福，带给大家无限的欢乐。本章以多个类别的贺卡为例，为读者讲解贺卡的设计方法和制作技巧，读者通过学习要能够独立地制作出自己喜爱的贺卡。

课堂学习目标

- ✔ 了解贺卡的功能
- ✔ 了解贺卡的类别
- ✔ 掌握贺卡动画的设计思路
- ✔ 掌握贺卡动画的制作方法和技巧

13.1　贺卡设计概述

分享一张贺卡的网页链接，被分享人在收到这个链接地址后，点击就可以打开贺卡，感受到你带来的祝福。电子贺卡的种类很多，有静态图片的，也有动画的，甚至还有带美妙音乐的，如图 13-1 所示。下面就介绍如何制作各种类型的电子贺卡。

图 13-1

13.2　制作春节贺卡

13.2.1　案例分析

春节，是农历新年，又叫阴历年，俗称"过年"。这是我国民间最隆重、最热闹的一个传统节日。本例的春节电子贺卡要表现出春节喜庆祥和的气氛，把吉祥和祝福送给亲友。

在制作过程中，使用红色和金色的背景烘托出热闹喜庆的氛围，添加中国结和吉祥纹样作为卡片装饰，使画面更具传统特色。整个画面具有吉祥祝福的寓意，充满浓厚的中国韵味。

本例将使用"文本"工具，输入标题文字；使用"墨水瓶"工具，为文字添加笔触；使用"创建传统补间"命令，制作补间动画效果。

13.2.2　案例设计

本案例的效果如图 13-2 所示。

图 13-2

扫码观看
本案例视频

13.2.3　案例制作

1. 导入素材制作图形元件

（1）选择"文件 > 新建"命令，弹出"新建文档"对话框，在"常规"选项卡中选择"ActionScript 3.0"选项，将"宽度"选项设为 500，"高度"选项设为 734，"背景颜色"选项设为黑色，单击"确定"按钮，完成页面的创建。

（2）选择"文件 > 导入 > 导入到库"命令，在弹出的"导入到库"对话框中，选择云盘中的"Ch13 > 素材 > 制作春节贺卡 > 01～04"文件，单击"打开"按钮，文件被导入到"库"面板中，如图 13-3 所示。

（3）按 Ctrl+F8 组合键，弹出"创建新元件"对话框，在"名称"选项的文本框中输入"底部"，在"类型"选项的下拉列表中选择"图形"，单击"确定"按钮，新建图形元件"底部"，如图 13-4 所示。舞台窗口也随之转换为图形元件的舞台窗口。将"库"面板中的位图"02"拖曳到舞台窗口中，如图 13-5 所示。

图 13-3　　　　　　　　　图 13-4　　　　　　　　　　　图 13-5

（4）在"库"面板中新建一个图形元件"圆"，舞台窗口也随之转换为图形元件的舞台窗口。将"库"面板中的位图"03"拖曳到舞台窗口中，如图 13-6 所示。

（5）在"库"面板中新建一个图形元件"文字"，如图 13-7 所示。舞台窗口也随之转换为图形元件的舞台窗口。选择"文本"工具 T，在文本工具"属性"面板中进行设置，在舞台窗口中适当的位置输入大小为 160、字体为"叶根友行书繁"的白色文字，文字效果如图 13-8 所示。

图 13-6　　　　　　　　　　　图 13-7　　　　　　　　　　图 13-8

（6）在文本工具"属性"面板中进行设置，在舞台窗口中适当的位置输入大小为 96、字体为"叶根友行书繁"的白色文字，文字效果如图 13-9 所示。再次在舞台窗口中输入大小为 140、字体为"叶根友行书繁"的白色文字，文字效果如图 13-10 所示。

（7）按 Ctrl+A 组合键，将舞台窗口中的文字全部选中，如图 13-11 所示。按 Ctrl+B 组合键，将文字打散，效果如图 13-12 所示。按 Ctrl+C 组合键，将其复制。选择"墨水瓶"工具，在墨水瓶工具"属性"面板中，将"笔触颜色"设为浅黄色（#FFFFCC），"笔触"选项设为 7，在文字的边线上单击鼠标，勾画出文字的轮廓，效果如图 13-13 所示。

图 13-9　　　　　图 13-10　　　　　图 13-11　　　　　图 13-12　　　　　图 13-13

（8）单击"时间轴"面板下方的"新建图层"按钮，新建"图层 2"。按 Ctrl+Shift+V 组合键，将复制的文字图形粘贴到"图层 2"中，效果如图 13-14 所示。

（9）选择"窗口 > 颜色"命令，弹出"颜色"面板，选择"填充颜色"选项，在"颜色类型"选项的下拉列表中选择"线性渐变"，在色带上将左边的颜色控制点设为红色（#E9182D），将右边的颜色控制点设为深红色（#962223），生成渐变色，如图 13-15 所示。

（10）选择"选择"工具，按住 Shift 键的同时选中需要的图形，如图 13-16 所示。选择"颜料桶"工具，在选中图形的内部从下向上拖曳渐变色，如图 13-17 所示。松开鼠标后，渐变色被填充，效果如图 13-18 所示。用相同的方法制作出如图 13-19 所示的效果。

图 13-14　　　　　图 13-15　　　　　图 13-16　　　　图 13-17　　　　图 13-18　　　　图 13-19

（11）在"库"面板中新建一个图形元件"文字 1"，如图 13-20 所示。舞台窗口也随之转换为图形元件的舞台窗口。选择"文本"工具 $\boxed{T}$，在文本工具"属性"面板中进行设置，在舞台窗口中适当的位置输入大小为 13、字体为"方正北魏楷书简体"的浅黄色（#FFFCDB）文字，文字效果如图 13-21 所示。

图 13-20

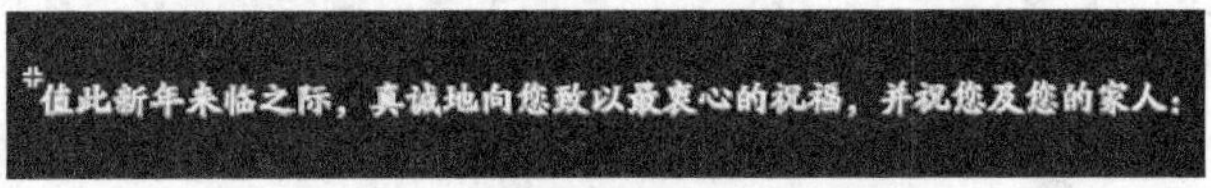

值此新年来临之际，真诚地向您致以最衷心的祝福，并祝您及您的家人：

图 13-21

（12）在"库"面板中新建一个图形元件"文字 2"，舞台窗口也随之转换为图形元件的舞台窗口。在文本工具"属性"面板中进行设置，在舞台窗口中适当的位置输入大小为 22、字体为"方正字迹-吕建德字体"的浅黄色（#FFFCDB）文字，文字效果如图 13-22 所示。用相同的方法制作图形元件"文字 3"，效果如图 13-23 所示。

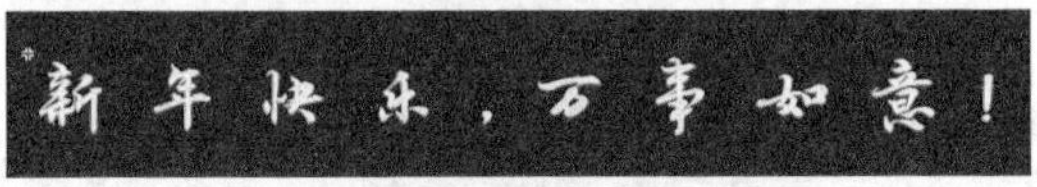

新年快乐，万事如意！

图 13-22

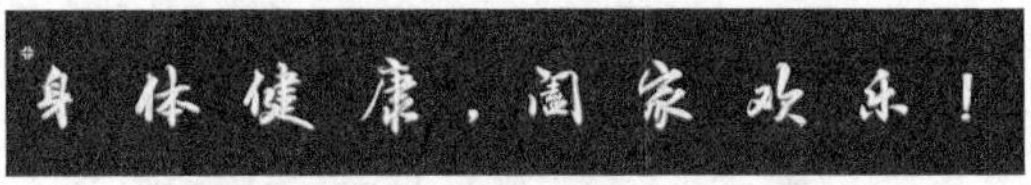

身体健康，阖家欢乐！

图 13-23

（13）在"库"面板中新建一个图形元件"文字 4"，舞台窗口也随之转换为图形元件的舞台窗口。在文本工具"属性"面板中进行设置，在舞台窗口中适当的位置输入大小为 13、字体为"方正黑体简体"的浅黄色（#FFFCDB）文字，文字效果如图 13-24 所示。

（14）在"库"面板中新建一个图形元件"吉祥"，舞台窗口也随之转换为图形元件的舞台窗口。在文本工具"属性"面板中进行设置，在舞台窗口中适当的位置输入大小为 11、字体为"叶根友行书繁"的白色文字，文字效果如图 13-25 所示。

（15）单击"时间轴"面板下方的"新建图层"按钮 $\boxed{}$，新建"图层 2"。将"图层 2"拖曳到"图层 1"的下方。选择"椭圆"工具 $\bigcirc$，在工具箱中将"笔触颜色"设为无，"填充颜色"设为红色（#CC0000），选中工具箱下方的"对象绘制"按钮 $\bigcirc$，按住 Shift 键的同时在舞台窗口中绘制 1 个圆形，如图 13-26 所示。

（16）选择"选择"工具 $\blacktriangleright$，选中红色圆形，按住 Alt+Shift 组合键的同时向下拖曳圆形到适当的位置，松开鼠标复制图形，效果如图 13-27 所示。按两次 Ctrl+Y 组合键，重复复制图形，效果如图 13-28 所示。

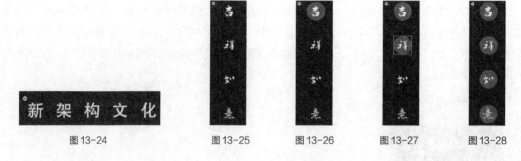

图13-24   图13-25   图13-26   图13-27   图13-28

2. 制作场景动画

（1）单击舞台窗口左上方的"场景1"图标 ，进入"场景1"的舞台窗口。将"图层1"重命名为"底图"。将"库"面板中的位图"01"拖曳到舞台窗口中，如图13-29所示。选中"底图"图层的第120帧，按F5键，插入普通帧。

（2）在"时间轴"面板中创建新图层并将其命名为"底部"。将"库"面板中的图形元件"底图"拖曳到舞台窗口中，并放置在适当的位置，如图13-30所示。选中"底部"图层的第25帧，按F6键，插入关键帧。

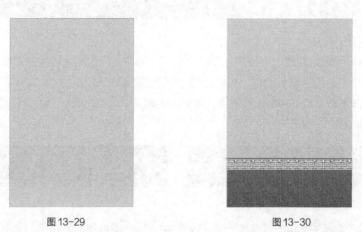

图13-29   图13-30

（3）选中"底部"图层的第1帧，在舞台窗口中将"底部"实例垂直向下拖曳到适当的位置，如图13-31所示。用鼠标右键单击"底部"图层的第1帧，在弹出的快捷菜单中选择"创建传统补间"命令，生成传统补间动画。

（4）在"时间轴"面板中创建新图层并将其命名为"圆"。选中"圆"图层的第5帧，按F6键，插入关键帧。将"库"面板中的图形元件"圆"拖曳到舞台窗口中，并放置在适当的位置，如图13-32所示。

（5）选中"圆"图层的第35帧，按F6键，插入关键帧。选中"圆"图层的第5帧，在舞台窗口中将"圆"实例垂直向上拖曳到适当的位置，如图13-33所示。用鼠标右键单击"圆"图层的第5帧，在弹出的快捷菜单中选择"创建传统补间"命令，生成传统补间动画。

（6）在"时间轴"面板中创建新图层并将其命名为"文字"。选中"文字"图层的第11帧，按F6键，插入关键帧。将"库"面板中的图形元件"文字"拖曳到舞台窗口中，并放置在适当的位置，如图13-34所示。

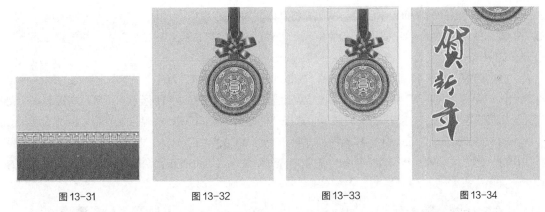

图 13-31　　　　　　图 13-32　　　　　　图 13-33　　　　　　图 13-34

（7）选中"文字"图层的第 40 帧，按 F6 键，插入关键帧。选中"文字"图层的第 11 帧，在舞台窗口中将"文字"实例水平向左拖曳到适当的位置，如图 13-35 所示。用鼠标右键单击"文字"图层的第 11 帧，在弹出的快捷菜单中选择"创建传统补间"命令，生成传统补间动画，如图 13-36 所示。

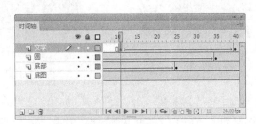

图 13-35　　　　　　　　　　　　　　　　图 13-36

（8）在"时间轴"面板中创建新图层并将其命名为"吉祥"。选中"吉祥"图层的第 20 帧，按 F6 键，插入关键帧。将"库"面板中的图形元件"吉祥"拖曳到舞台窗口中，并放置在适当的位置，如图 13-37 所示。

（9）选中"吉祥"图层的第 40 帧，按 F6 键，插入关键帧。选中"吉祥"图层的第 20 帧，在舞台窗口中将"文字"实例水平向右拖曳到适当的位置，如图 13-38 所示。用鼠标右键单击"吉祥"图层的第 20 帧，在弹出的快捷菜单中选择"创建传统补间"命令，生成传统补间动画，如图 13-39 所示。

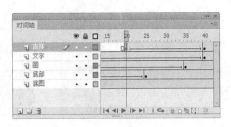

图 13-37　　　　　　图 13-38　　　　　　　　　图 13-39

（10）在"时间轴"面板中创建新图层并将其命名为"文字 1"。选中"文字 1"图层的第 30 帧，按 F6 键，插入关键帧。将"库"面板中的图形元件"文字 1"拖曳到舞台窗口中，并放置在适当的位置，如图 13-40 所示。

（11）选中"文字 1"图层的第 55 帧，按 F6 键，插入关键帧。选中"文字 1"图层的第 30 帧，在舞台窗口中将"文字 1"实例垂直向下拖曳到适当的位置，如图 13-41 所示。用鼠标右键单击"文字 1"图层的第 30 帧，在弹出的快捷菜单中选择"创建传统补间"命令，生成传统补间动画。

（12）在"时间轴"面板中创建新图层并将其命名为"文字 2"。选中"文字 2"图层的第 40 帧，按 F6 键，插入关键帧。将"库"面板中的图形元件"文字 2"拖曳到舞台窗口中，并放置在适当的位置，如图 13-42 所示。

图 13-40　　　　　　　　　　图 13-41　　　　　　　　　　图 13-42

（13）选中"文字 2"图层的第 65 帧，按 F6 键，插入关键帧。选中"文字 2"图层的第 40 帧，在舞台窗口中将"文字 2"实例水平向左拖曳到适当的位置，如图 13-43 所示。用鼠标右键单击"文字 2"图层的第 40 帧，在弹出的快捷菜单中选择"创建传统补间"命令，生成传统补间动画。

（14）在"时间轴"面板中创建新图层并将其命名为"文字 3"。选中"文字 3"图层的第 40 帧，按 F6 键，插入关键帧。将"库"面板中的图形元件"文字 3"拖曳到舞台窗口中，并放置在适当的位置，如图 13-44 所示。

（15）选中"文字 3"图层的第 65 帧，按 F6 键，插入关键帧。选中"文字 3"图层的第 40 帧，在舞台窗口中将"文字 3"实例水平向右拖曳到适当的位置，如图 13-45 所示。用鼠标右键单击"文字 3"图层的第 40 帧，在弹出的快捷菜单中选择"创建传统补间"命令，生成传统补间动画。

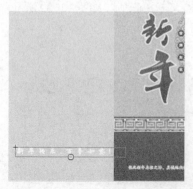

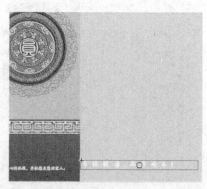

图 13-43　　　　　　　　　　图 13-44　　　　　　　　　　图 13-45

（16）在"时间轴"面板中创建新图层并将其命名为"文字 4"。选中"文字 4"图层的第 50 帧，按 F6 键，插入关键帧。将"库"面板中的图形元件"文字 4"拖曳到舞台窗口中，并放置在适当的位置，如图 13-46 所示。

（17）选中"文字 4"图层的第 65 帧，按 F6 键，插入关键帧。选中"文字 4"图层的第 50 帧，在舞台窗口中将"文字 4"实例垂直向下拖曳到适当的位置，如图 13-47 所示。用鼠标右键单击"文字 3"图层的第 40 帧，在弹出的快捷菜单中选择"创建传统补间"命令，生成传统补间动画，如图 13-48 所示。

图 13-46

图 13-47

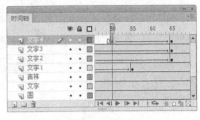
图 13-48

（18）在"时间轴"面板中创建新图层并将其命名为"音乐"。选中"音乐"图层的第 1 帧，将"库"面板中的声音文件"04"拖曳到舞台窗口中，"时间轴"面板如图 13-49 所示。春节贺卡制作完成，按 Ctrl+Enter 组合键即可查看效果。

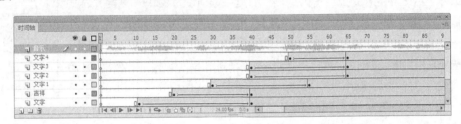
图 13-49

13.3 制作端午节贺卡

13.3.1 案例分析

农历五月初五为端午节，是我国的传统节日。这一天必不可少的活动有吃粽子、赛龙舟、挂菖蒲和艾叶、喝雄黄酒等。端午节电子贺卡要体现出传统节日的特色和民俗风味。

本次设计通过制作出绿色背景搭配竹子晃动的效果来烘托端午节的气氛，通过粽子的出场动画效果和祝福语动画的运用体现端午节贺卡的主题。贺卡中的传统装饰纹样体现出这个节日的历史情怀和文化魅力。

本例将使用"铅笔"工具和"颜料桶"工具，绘制小船倒影效果；使用"任意变形"工具，调整图形的大小；使用"文本"工具，添加文字效果；使用"创建传统补间"命令，制作传统补间动画；使用"动作"面板，添加动作脚本。

13.3.2 案例设计

本案例的完成效果如图 13-50 所示。

图 13-50

13.3.3 案例制作

1. 导入素材制作元件动画

（1）选择"文件 > 新建"命令，弹出"新建文档"对话框，在"常规"选项卡中选择"ActionScript 3.0"选项，将"宽度"选项设为 520，"高度"选项设为 400，"帧频"选项设为 12，单击"确定"按钮，完成文档的创建。

（2）选择"文件 > 导入 > 导入到库"命令，在弹出的"导入到库"对话框中，选择云盘中的"Ch13 >素材 > 制作端午节贺卡 > 01～13"文件，单击"打开"按钮，文件被导入到"库"面板中，如图 13-51 所示。

扫码观看
本案例视频

（3）按 Ctrl+F8 组合键，弹出"创建新元件"对话框，在"名称"选项的文本框中输入"竹子 1"，在"类型"选项的下拉列表中选择"图形"选项，单击"确定"按钮，新建图形元件"竹子 1"，如图 13-52 所示。舞台窗口也随之转换为图形元件的舞台窗口。将"库"面板中的位图"02"拖曳到舞台窗口中，如图 13-53 所示。

图 13-51

图 13-52

图 13-53

（4）在"库"面板中新建一个图形元件"竹子 2"，如图 13-54 所示，舞台窗口也随之转换为图形元件的舞台窗口。将"库"面板中的位图"07"拖曳到舞台窗口中，如图 13-55 所示。用相同的方法分别将"库"面板中的位图"04""05""06""09""11"和"12"文件，制作成图形元件"粽子 1""标题 1""底图 1""标题 2""粽子 2"和"标题 3"，如图 13-56 所示。

图 13-54

图 13-55

图 13-56

（5）在"库"面板中新建一个图形元件"文字 1"，舞台窗口也随之转换为图形元件的舞台窗口。选择"文本"工具 **T**，在文本工具"属性"面板中进行设置，在舞台窗口中适当的位置输入大小为 20、字体为"方正黄草简体"的黑色文字，文字效果如图 13-57 所示。用相同的方法制作图形元件"文字 2"和"文字 3"，如图 13-58 和图 13-59 所示。

图 13-57

图 13-58

图 13-59

（6）在"库"面板中新建一个影片剪辑元件"小船动"，如图 13-60 所示。舞台窗口也随之转换为影片剪辑元件的舞台窗口。将"图层 1"重命名为"小船"，在"库"面板中将位图"08"拖曳到舞台窗口中，如图 13-61 所示。选中"小船"图层的第 4 帧，按 F5 键，插入普通帧，如图 13-62 所示。

（7）单击"时间轴"面板下方的"新建图层"按钮 **⬚**，创建新图层并将其命名为"倒影"。选择"铅笔"工具 **✏**，在工具箱下方的"铅笔模式"选项组中选择"平滑"模式 **S**，在铅笔工具"属性"

面板中，将"笔触颜色"设为黑色，"笔触"选项设为 1，在小船的下方绘制 1 条封闭的曲线，如图 13-63 所示。

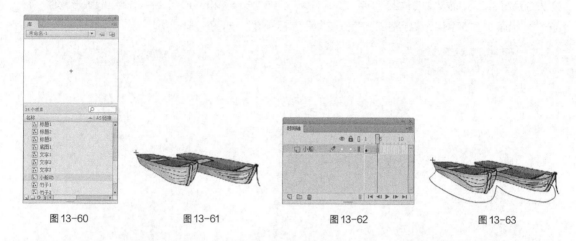

图 13-60　　　　　图 13-61　　　　　图 13-62　　　　　图 13-63

（8）选择"颜料桶"工具 ，在工具箱中将"填充颜色"设为墨绿色（#666600），调出"颜色"面板，将"Alpha"选项设为 30%，选中"倒影"图层的第 1 帧，在封闭的曲线中单击鼠标，填充颜色，选择"选择"工具，在边线上双击鼠标将其选中，按 Delete 键，将边线删除，如图 13-64 所示。

（9）选中"倒影"图层的第 3 帧，按 F6 键，插入关键帧。选择"任意变形"工具，在舞台窗口中的图形上出现控制框，向下拖曳控制框下方中间的控制点，如图 13-65 所示。在"时间轴"面板中，拖曳"倒影"图层到"小船"图层的下方，如图 13-66 所示。

图 13-64　　　　　　　　图 13-65　　　　　　　　图 13-66

2. 制作场景动画

（1）单击舞台窗口左上方的"场景 1"图标 场景 1，进入"场景 1"的舞台窗口。将"图层 1"重命名为"背景 1"。将"库"面板中的位图"01"拖曳到舞台窗口中，如图 13-67 所示。按 Ctrl+K 组合键，弹出"对齐"面板，勾选"与舞台对齐"选项，单击"水平中齐"按钮 与"垂直中齐"按钮，效果如图 13-68 所示。选中"背景 1"图层的第 131 帧，按 F5 键，插入普通帧。

（2）在"时间轴"面板中创建新图层并将其命名为"竹子 1"。将"库"面板中的图形元件"竹子 1"拖曳到舞台窗口的左侧，如图 13-69 所示。选中"竹子 1"图层的第 20 帧，按 F6 键，插入关键帧，选中第 40 帧，按 F7 键，插入空白关键帧。

扫码观看
本案例视频

图 13-67　　　　　　　　　　　　图 13-68　　　　　　　　　　　　图 13-69

（3）选择"竹子 1"图层的第 1 帧，在舞台窗口中将"竹子 1"实例水平向左拖曳到适当的位置，如图 13-70 所示。用鼠标右键单击"竹子 1"图层的第 1 帧，在弹出的快捷菜单中选择"创建传统补间"命令，生成传统补间动画。

（4）在"时间轴"面板中创建新图层并将其命名为"粽子 1"。将"库"面板中的图形元件"粽子 1"拖曳到舞台窗口中并放置在适当的位置，如图 13-71 所示。

（5）选中"粽子 1"图层的第 20 帧，按 F6 键，插入关键帧，选中第 40 帧，按 F7 键，插入空白关键帧。选中"粽子 1"图层的第 1 帧，在舞台窗口中将"粽子 1"实例水平向右拖曳到适当的位置，如图 13-72 所示。用鼠标右键单击"粽子 1"图层的第 1 帧，在弹出的快捷菜单中选择"创建传统补间"命令，生成传统补间动画。

图 13-70　　　　　　　　　　　　图 13-71　　　　　　　　　　　　图 13-72

（6）在"时间轴"面板中创建新图层并将其命名为"标题 1"。将"库"面板中的图形元件"标题 1"拖曳到舞台窗口的中并放置到适当的位置，如图 13-73 所示。

（7）选中"标题 1"图层的第 20 帧，按 F6 键，插入关键帧，选中第 40 帧，按 F7 键，插入空白关键帧。选中"标题 1"图层的第 1 帧，在舞台窗口中将"标题 1"实例垂直向上拖曳到适当的位置，如图 13-74 所示。用鼠标右键单击"标题 1"图层的第 1 帧，在弹出的快捷菜单中选择"创建传统补间"命令，生成传统补间动画。

（8）在"时间轴"面板中创建新图层并将其命名为"文字 1"。将"库"面板中的图形元件"文字 1"拖曳到舞台窗口中并放置在适当的位置，如图 13-75 所示。选中"文字 1"图层的第 20 帧，按 F6 键，插入关键帧，选中第 40 帧，按 F7 键，插入空白关键帧。

（9）选中"文字 1"图层的第 1 帧，在舞台窗口中将"文字 1"实例垂直向下拖曳到适当的位置，如图 13-76 所示。用鼠标右键单击"文字 1"图层的第 1 帧，在弹出的快捷菜单中选择"创建传统补间"命令，生成传统补间动画。

（10）在"时间轴"面板中创建新图层并将其命名为"背景 2"。选中"背景 2"图层的第 40 帧，按 F6 键，插入关键帧。将"库"面板中的图形元件"底图 1"拖曳到舞台窗口中并放置在适当的位置，如图 13-77 所示。

|图 13-73|图 13-74|图 13-75|图 13-76|

（11）选中"背景 2"图层的第 90 帧，按 F6 键，插入关键帧，选中第 101 帧，按 F7 键，插入空白关键帧。选中"背景 2"第 90 帧，在舞台窗口中将"底图 1"实例水平向右拖曳到适当的位置，如图 13-78 所示。用鼠标右键单击"背景 2"图层的第 40 帧，在弹出的快捷菜单中选择"创建传统补间"命令，生成传统补间动画。

图 13-77

图 13-78

（12）在"时间轴"面板中创建新图层并将其命名为"竹子 2"。选中"竹子 2"图层的第 40 帧，按 F6 键，插入关键帧。将"库"面板中的图形元件"竹子 2"拖曳到舞台窗口的右侧，如图 13-79 所示。分别选中"竹子 2"图层的第 50 帧、第 60 帧、第 70 帧、第 80 帧、第 90 帧、第 100 帧，按 F6 键，插入关键帧，选中第 101 帧，按 F7 键，插入空白关键帧，如图 13-80 所示。

图 13-79

图 13-80

（13）选中"竹子 2"图层的第 50 帧，按 Ctrl+T 组合键，弹出"变形"面板，将"旋转"选项设为-6.5，如图 13-81 所示。按 Enter 键，图形逆时针旋转 6.5°，效果如图 13-82 所示。用相同的方法设置第 70 帧、第 90 帧。分别用鼠标右键单击"竹子 2"图层的第 40 帧、第 50 帧、第 60 帧、第 70 帧、第 80 帧、第 90 帧，在弹出的快捷菜单中选择"创建传统补间"命令，生成传统补间动画。

（14）在"时间轴"面板中创建新图层并将其命名为"标题 2"。选中"标题 2"图层的第 40 帧，按 F6 键，插入关键帧。将"库"面板中的图形元件"标题 2"拖曳到舞台窗口中并放置在适当的位置，如图 13-83 所示。

图 13-81

图 13-82

图 13-83

（15）选中"标题 2"图层的第 60 帧，按 F6 键，插入关键帧，选中第 101 帧，按 F7 键，插入空白关键帧。选中"标题 2"图层的第 40 帧，在舞台窗口中将"标题 2"实例水平向左拖曳到适当的位置，如图 13-84 所示。用鼠标右键单击"标题 2"图层第 40 帧，在弹出的快捷菜单中选择"创建传统补间"命令，生成传统补间动画。

（16）在"时间轴"面板中创建新图层并将其命名为"文字 2"。选中"文字 2"图层的第 40 帧，按 F6 键，插入关键帧，将"库"面板中的图形元件"文字 2"拖曳到舞台窗口中并放置在适当的位置，如图 13-85 所示。

（17）选中"文字 2"图层的第 60 帧，按 F6 键，插入关键帧，选中第 101 帧，按 F7 键，插入空白关键帧。选中"文字 2"图层的第 40 帧，在舞台窗口中将"文字 2"实例水平向左拖曳到适当的位置，如图 13-86 所示。用鼠标右键单击"文字 2"图层的第 40 帧，在弹出的快捷菜单中选择"创建传统补间"命令，生成传统补间动画。

（18）在"时间轴"面板中创建新图层并将其命名为"小船"。选中"小船"图层的第 40 帧，按 F6 键，插入关键帧。将"库"面板中的影片剪辑元件"小船动"拖曳到舞台窗口中并放置在适当的位置，如图 13-87 所示。选中"小船"图层的第 101 帧，按 F7 键，插入空白关键帧。

图 13-84

图 13-85

图 13-86

图 13-87

（19）在"时间轴"面板中创建新图层并将其命名为"竹叶"。选中"竹叶"图层的第 101 帧，按 F6 键，插入关键帧。将"库"面板中的位图"10"拖曳到舞台窗口中并放置在适当的位置，如图 13-88 所示。多次拖曳"库"面板中的位图"10"到舞台窗口，并分别调整其大小、角度及位置，效果如图 13-89 所示。

（20）在"时间轴"面板中创建新图层并将其命名为"粽子 2"。选中"粽子 2"图层的第 101 帧，按 F6 键，插入关键帧。将"库"面板中的图形元件"粽子 2"拖曳到舞台窗口中并放置在适当的位置，如图 13-90 所示。选中"粽子 2"图层的第 131 帧，按 F6 键，插入关键帧。

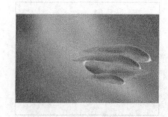

图 13-88　　　　　　　　　　图 13-89　　　　　　　　　　图 13-90

（21）选中"粽子 2"图层的第 101 帧，在舞台窗口中选中"粽子 2"实例，在图形"属性"面板中选择"色彩效果"选项组，在"样式"选项的下拉列表中选择"Alpha"，将其值设为 0%。用鼠标右键单击"粽子 2"图层的第 101 帧，在弹出的快捷菜单中选择"创建传统补间"命令，生成传统补间动画。

（22）在"时间轴"面板中创建新图层并将其命名为"标题 3"。选中"标题 3"图层的第 111 帧，按 F6 键，插入关键帧。将"库"面板中的图形元件"标题 3"拖曳到舞台窗口中并放置在适当的位置，如图 13-91 所示。选中"标题 3"图层的第 131 帧，按 F6 键，插入关键帧。

（23）选中"标题 3"图层的第 111 帧，在舞台窗口中将"标题 3"实例水平向右拖曳到适当的位置，如图 13-92 所示。在图形"属性"面板中选择"色彩效果"选项组，在"样式"选项的下拉列表中选择"Alpha"，将其值设为 0%。用鼠标右键单击"标题 3"图层的第 111 帧，在弹出的快捷菜单中选择"创建传统补间"命令，生成传统补间动画。

（24）在"时间轴"面板中创建新图层并将其命名为"文字 3"。选中"文字 3"图层的第 111 帧，按 F6 键，插入关键帧。将"库"面板中的图形元件"文字 3"拖曳到舞台窗口中并放置在适当的位置，如图 13-93 所示。

（25）选中"文字 3"图层的第 131 帧，按 F6 键，插入关键帧。选中第 111 帧，在舞台窗口中将"文字 3"实例水平向左拖曳到适当的位置，如图 13-94 所示，在图形"属性"面板中选择"色彩效果"选项组，在"样式"选项的下拉列表中选择"Alpha"，将其值设为 0%。用鼠标右键单击"文字 3"图层的第 111 帧，在弹出的快捷菜单中选择"创建传统补间"命令，生成传统补间动画。

图 13-91　　　　　　　图 13-92　　　　　　　图 13-93　　　　　　　图 13-94

（26）在"时间轴"面板中创建新图层并将其命名为"花纹"。将"库"面板中的位图"03"拖曳到舞台窗口中并放置在适当的位置，如图 13-95 所示。选择"选择"工具 ，在舞台窗口中选中花纹图形，按住 Alt 键的同时向下拖曳鼠标到适当的位置，复制图形。选择"修改 > 变形 > 垂直翻转"命令，翻转图形，效果如图 13-96 所示。

（27）在"时间轴"面板中创建新图层并将其命名为"矩形条"。选择"矩形"工具 ，在工具箱中下方选择"对象绘制"按钮 。在矩形工具"属性"面板中，将"笔触颜色"设为无，"填充颜

色"设为墨绿色（#0B4424），在舞台中拖曳鼠标绘制 1 个矩形，效果如图 13-97 所示。在矩形工具
"属性"面板中，将"填充颜色"设为白色，调出"颜色"面板，将"Alpha"选项设为 69%，在舞
台中拖曳鼠标绘制一个矩形，效果如图 13-98 所示。

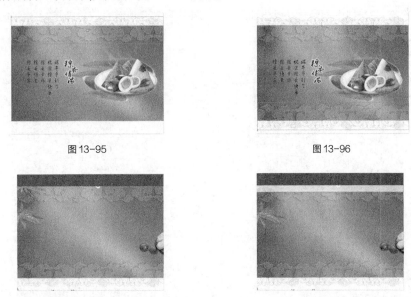

图 13-95　　　　　　　　　　　　　　　　　图 13-96

图 13-97　　　　　　　　　　　　　　　　　图 13-98

（28）在"时间轴"面板中选择"矩形"图层，将舞台窗口中的矩形全部选中。选择"选择"工
具 ![]，按住 Alt 键，向下拖曳矩形到适当的位置，复制矩形，如图 13-99 所示。选择"修改 > 变
形 > 垂直翻转"命令，翻转矩形，效果如图 13-100 所示。

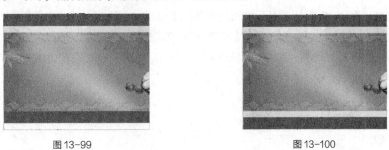

图 13-99　　　　　　　　　　　　　　　　　图 13-100

（29）在"时间轴"面板中创建新图层并将其命名为"音乐"。将"库"面板中的声音文件"13"
拖曳到舞台窗口中，时间轴面板如图 13-101 所示。选中"音乐"图层的第 1 帧，在帧"属性"面板
中，选择"声音"选项组，在"同步"选项中选择"事件"，将"声音循环"选项设为"循环"。

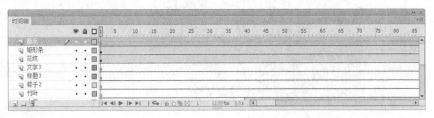

图 13-101

（30）在"时间轴"面板中创建新图层并将其命名为"动作脚本"。选中"动作脚本"图层的第 131 帧，按 F6 键，插入关键帧，如图 13-102 所示。按 F9 键，弹出"动作"面板，在"脚本窗口"中设置脚本语言，如图 13-103 所示。设置好动作脚本后，关闭"动作"面板。在"动作脚本"图层的第 131 帧上显示出一个标记"a"。端午节贺卡制作完成，按 Ctrl+Enter 组合键即可查看效果。

图 13-102

图 13-103

13.4 制作闹元宵贺卡

13.4.1 案例分析

元宵节是中国的传统节日之一。元宵节主要有赏花灯、吃汤圆、放烟花等一系列传统民俗活动。本例将设计制作元宵节贺卡，贺卡应能体现元宵节的重要元素，并传达出温馨热闹的节日气氛。

在设计制作过程中，运用汤圆、祥云等具有元宵特色及节日氛围的元素装饰整个贺卡，主体标牌点明了节日主题，通过软件对标题及元素进行有趣的动画设计，营造了贺卡欢乐喜庆的气氛，背景的角楼与前方图案搭配相得益彰，很好地传达了对元宵节的祝福。

本例将使用"导入"命令，导入素材制作元件；使用"属性"面板，调整图形的不透明度及动画的旋转；使用"创建传统补间"命令，制作补间动画效果。

13.4.2 案例设计

本案例的效果如图 13-104 所示。

扫码观看
本案例视频

图 13-104

13.4.3 案例制作

1. 导入素材制作图形元件

（1）选择"文件 > 新建"命令，弹出"新建文档"对话框，在"常规"选项卡中选择"ActionScript 2.0"选项，将"宽度"选项设为 800，"高度"选项设为 600，单击"确定"按钮，完成文档的创建。

（2）选择"文件 > 导入 > 导入到库"命令，在弹出的"导入到库"对话框中，选择云盘中的"Ch13 > 素材 > 制作元宵节贺卡 > 01～13"文件，单击"打开"按钮，文件被导入到"库"面板中，如图 13-105 所示。

（3）按 Ctrl+F8 组合键，弹出"创建新元件"对话框，在"名称"选项的文本框中输入"帆船"，在"类型"选项的下拉列表中选择"图形"，单击"确定"按钮，新建图形元件"帆船"，如图 13-106 所示，舞台窗口也随之转换为图形元件的舞台窗口。将"库"面板中的位图"02"拖曳到舞台窗口中，如图 13-107 所示。

图 13-105

图 13-106

图 13-107

（4）按 Ctrl+F8 组合键，弹出"创建新元件"对话框，在"名称"选项的文本框中输入"元宵"，在"类型"选项的下拉列表中选择"图形"，单击"确定"按钮，新建图形元件"元宵"，如图 13-108 所示，舞台窗口也随之转换为图形元件的舞台窗口。将"库"面板中的位图"03"拖曳到舞台窗口中，如图 13-109 所示。

（5）用上述的方法将"库"面板中的"04""05""06""07""08""09""11""12""13"文件，分别制作成图形元件"文字""人物""玫瑰""文字1""文字2""元宵2""楼房""文字3""元宵3"，"库"面板如图 13-110 所示。

图 13-108　　　　　　　　　　　图 13-109　　　　　　　　　　　图 13-110

2.　制作画面 1

（1）单击舞台窗口左上方的"场景 1"图标 场景1，进入"场景 1"的舞台窗口。将"图层 1"重命名为"底图"，如图 13-111 所示。将"库"面板中的位图"01"拖曳到舞台窗口中，如图 13-112 所示。选中"底图"图层的第 165 帧，按 F5 键，插入普通帧。

（2）在"时间轴"面板中创建新图层并将其命名为"帆船"。将"库"面板中的图形元件"帆船"拖曳到舞台窗口中，并放置在适当的位置，如图 13-113 所示。

（3）选中"帆船"图层的第 30 帧，按 F6 键，插入关键帧。选中第 80 帧，按 F7 键，插入空白关键帧。

图 13-111　　　　　　　　　　　图 13-112　　　　　　　　　　　图 13-113

（4）选中"帆船"图层的第 1 帧，在舞台窗口中将"帆船"实例水平向右拖曳到适当的位置，如图 13-114 所示。在图形"属性"面板中选择"色彩效果"选项组，在"样式"选项的下拉列表中选择"Alpha"，将其值设为 0%，效果如图 13-115 所示。

（5）用鼠标右键单击"帆船"图层的第 1 帧，在弹出的快捷菜单中选择"创建传统补间"命令，生成传统补间动画，如图 13-116 所示。

（6）在"时间轴"面板中创建新图层并将其命名为"元宵"。选中"元宵"图层的第 20 帧，按 F6 键，插入关键帧，如图 13-117 所示。将"库"面板中的图形元件"元宵"拖曳到舞台窗口中，并放置在适当的位置，如图 13-118 所示。选中"元宵"图层的第 50 帧，按 F6 键，插入关键帧。选中第 80 帧，按 F7 键，插入空白关键帧。

图 13-114 图 13-115 图 13-116

（7）选中"元宵"图层的第 20 帧，在舞台窗口中将"元宵"实例水平向左拖曳到适当的位置，如图 13-119 所示。在图形"属性"面板中选择"色彩效果"选项组，在"样式"选项的下拉列表中选择"Alpha"，将其值设为 0%。

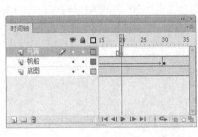

图 13-117 图 13-118 图 13-119

（8）用鼠标右键单击"元宵"图层的第 20 帧，在弹出的快捷菜单中选择"创建传统补间"命令，生成传统补间动画。

（9）在"时间轴"面板中创建新图层并将其命名为"文字"。选中"文字"图层的第 35 帧，按 F6 键，插入关键帧，如图 13-120 所示。将"库"面板中的图形元件"文字"拖曳到舞台窗口中，并放置在适当的位置，如图 13-121 所示。

（10）选中"文字"图层的第 60 帧，按 F6 键，插入关键帧。选中第 80 帧，按 F7 键，插入空白关键帧。选中"文字"图层的第 35 帧，在舞台窗口中将"文字"实例垂直向上拖曳到适当的位置，如图 13-122 所示。

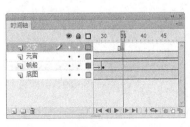

图 13-120 图 13-121 图 13-122

（11）用鼠标右键单击"文字"图层的第 35 帧，在弹出的快捷菜单中选择"创建传统补间"命令，生成传统补间动画，如图 13-123 所示。选中"文字"图层的第 35 帧，在帧"属性"面板中选择"补间"选项组，在"旋转"选项的下拉列表中选择"顺时针"，将"旋转次数"选项设为 1，如图 13-124 所示。

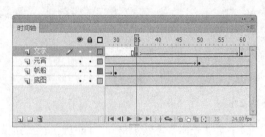

图 13-123   图 13-124

3. 制作画面 2

（1）在"时间轴"面板中创建新图层并将其命名为"人物"。选中"人物"图层的第 80 帧，按 F6 键，插入关键帧，如图 13-125 所示。将"库"面板中的图形元件"人物"拖曳到舞台窗口中，并放置在适当的位置，如图 13-126 所示。

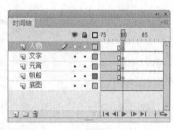

图 13-125   图 13-126

（2）选中"人物"图层的第 105 帧，按 F6 键，插入关键帧，如图 13-127 所示。选中"人物"图层的第 80 帧，在舞台窗口中选中"人物"实例，在图形"属性"面板中选择"色彩效果"选项组，在"样式"选项的下拉列表中选择"Alpha"，将其值设为 0%，如图 13-128 所示，效果如图 13-129 所示。

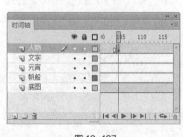

图 13-127   图 13-128   图 13-129

（3）用鼠标右键单击"人物"图层的第 80 帧，在弹出的快捷菜单中选择"创建传统补间"命令，生成传统补间动画。

（4）在"时间轴"面板中创建新图层并将其命名为"文字 1"。选中"文字 1"图层的第 90 帧，按 F6 键，插入关键帧，如图 13-130 所示。将"库"面板中的图形元件"文字 1"拖曳到舞台窗口中，并放置在适当的位置，如图 13-131 所示。

（5）选中"文字 1"图层的第 110 帧，按 F6 键，插入关键帧。选中"文字 1"图层的第 90 帧，在舞台窗口中将"文字 1"实例水平向右拖曳到适当的位置，如图 13-132 所示。

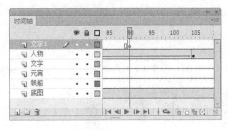

图 13-130　　　　　　　　　　图 13-131　　　　　　　　　　图 13-132

（6）用鼠标右键单击"文字 1"图层的第 90 帧，在弹出的快捷菜单中选择"创建传统补间"命令，生成传统补间动画，如图 13-133 所示。选中"文字 1"图层的第 90 帧，在帧"属性"面板中选择"补间"选项组，在"旋转"选项的下拉列表中选择"顺时针"，将"旋转次数"选项设为 1，如图 13-134 所示。

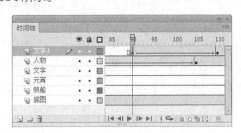

图 13-133　　　　　　　　　　　　　图 13-134

（7）在"时间轴"面板中创建新图层并将其命名为"玫瑰"。选中"玫瑰"图层的第 90 帧，按 F6 键，插入关键帧，如图 13-135 所示。将"库"面板中的图形元件"玫瑰"拖曳到舞台窗口中，并放置在适当的位置，如图 13-136 所示。

（8）选中"玫瑰"图层的第 110 帧，按 F6 键，插入关键帧。选中"玫瑰"图层的第 90 帧，在舞台窗口中将"玫瑰"实例垂直向下拖曳到适当的位置，如图 13-137 所示。在图形"属性"面板中选择"色彩效果"选项组，在"样式"选项的下拉列表中选择"Alpha"，将其值设为 0%。

（9）用鼠标右键单击"玫瑰"图层的第 90 帧，在弹出的快捷菜单中选择"创建传统补间"命令，生成传统补间动画。

图 13-135　　　　　　　　　　图 13-136　　　　　　　　　　图 13-137

（10）在"时间轴"面板中创建新图层并将其命名为"文字 2"。选中"文字 2"图层的第 97 帧，按 F6 键，插入关键帧，如图 13-138 所示。将"库"面板中的图形元件"文字 2"拖曳到舞台窗口中，并放置在适当的位置，如图 13-139 所示。

（11）选中"文字 2"图层的第 115 帧，按 F6 键，插入关键帧。选中"文字 2"图层的第 97 帧，在舞台窗口中将"文字 2"实例水平向左拖曳到适当的位置，如图 13-140 所示。用鼠标右键单击"文字 2"图层的第 97 帧，在弹出的快捷菜单中选择"创建传统补间"命令，生成传统补间动画。

图 13-138　　　　　　　　　　图 13-139　　　　　　　　　　图 13-140

（12）在"时间轴"面板中创建新图层并将其命名为"元宵 2"。选中"元宵 2"图层的第 105 帧，按 F6 键，插入关键帧，如图 13-141 所示。将"库"面板中的图形元件"元宵 2"拖曳到舞台窗口中，并放置在适当的位置，如图 13-142 所示。

（13）选中"元宵 2"图层的第 125 帧，按 F6 键，插入关键帧。选中"元宵 2"图层的第 105 帧，在舞台窗口中将"元宵 2"实例水平向右拖曳到适当的位置，如图 13-143 所示。用鼠标右键单击"元宵 2"图层的第 105 帧，在弹出的快捷菜单中选择"创建传统补间"命令，生成传统补间动画。

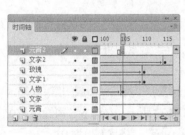

图 13-141　　　　　　　　　　图 13-142　　　　　　　　　　图 13-143

4. 制作画面 3

（1）在"时间轴"面板中创建新图层并将其命名为"底图 2"。选中"底图 2"图层的第 165 帧，按 F6 键，插入关键帧，如图 13-144 所示。将"库"面板中的位图"10"拖曳到舞台窗口中，并放置在适当的位置，如图 13-145 所示。选中"底图 2"图层的第 250 帧，按 F5 键，插入普通帧，如图 13-146 所示。

（2）在"时间轴"面板中创建新图层并将其命名为"楼房"。选中"楼房"图层的第 170 帧，按 F6 键，插入关键帧。将"库"面板中的图形元件"楼房"拖曳到舞台窗口中，并放置在适当的位置，如图 13-147 所示。

图 13-144　　　　　　　　　图 13-145　　　　　　　　　图 13-146

（3）选中"楼房"图层的第 190 帧，按 F6 键，插入关键帧。选中"楼房"图层的第 170 帧，在舞台窗口中将"楼房"实例水平向左拖曳到适当的位置，如图 13-148 所示。用鼠标右键单击"楼房"图层的第 170 帧，在弹出的快捷菜单中选择"创建传统补间"命令，生成传统补间动画，如图 13-149 所示。

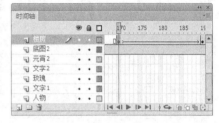

图 13-147　　　　　　　　　图 13-148　　　　　　　　　图 13-149

（4）在"时间轴"面板中创建新图层并将其命名为"文字 3"。选中"文字 3"图层的第 180 帧，按 F6 键，插入关键帧。将"库"面板中的图形元件"文字 3"拖曳到舞台窗口中，并放置在适当的位置，如图 13-150 所示。

（5）选中"文字 3"图层的第 200 帧，按 F6 键，插入关键帧。选中"文字 3"图层的第 180 帧，在舞台窗口中将"文字 3"实例垂直向上拖曳到适当的位置，如图 13-151 所示。用鼠标右键单击"文字 3"图层的第 180 帧，在弹出的快捷菜单中选择"创建传统补间"命令，生成传统补间动画。

图 13-150　　　　　　　　　　　　　　图 13-151

（6）在"时间轴"面板中创建新图层并将其命名为"元宵 3"。选中"元宵 3"图层的第 190 帧，按 F6 键，插入关键帧。将"库"面板中的图形元件"元宵 3"拖曳到舞台窗口中，并放置在适当的位置，如图 13-152 所示。

（7）选中"元宵 3"图层的第 205 帧，按 F6 键，插入关键帧。选中"元宵 3"图层的第 190 帧，在舞台窗口中将"元宵 3"实例水平向右拖曳到适当的位置，如图 13-153 所示。用鼠标右键单击"元宵 3"图层的第 190 帧，在弹出的快捷菜单中选择"创建传统补间"命令，生成传统补间动画，如

图 13-154 所示。元宵节贺卡制作完成，按 Ctrl+Enter 组合键即可查看效果。

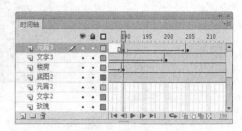

图 13-152　　　　　　图 13-153　　　　　　　　图 13-154

课堂练习——制作生日贺卡

🔗 练习知识要点

　　使用"导入"命令，导入素材文件；使用"创建元件"命令，将导入的素材文件制作成图形元件；使用"影片剪辑"命令，制作烛火动画；使用"创建传统补间"命令，制作传统补间动画；使用"动作脚本"命令，添加动作脚本。完成效果如图 13-155 所示。

图 13-155

扫码观看
本案例视频　　　　扫码观看
本案例视频

📍 效果所在位置

　　云盘/Ch13/效果/制作生日贺卡.fla。

课后习题——制作儿童节贺卡

🔗 习题知识要点

　　使用"文本"工具和"墨水瓶"工具，制作文字描边效果；使用"任意变形"工具，调整实例图形的大小；使用"创建传统补间"命令，制作传统补间动画；使用"属性"面板，调整帧的旋转。完成效果如图 13-156 所示。

图 13-156

 效果所在位置

云盘/Ch13/效果/制作儿童节贺卡.fla。

14

第 14 章
电子相册设计

电子相册可以用于描述美丽的风景、展现亲密的感情、记录精彩的瞬间。本章以多个主题的电子相册为例，讲解网络电子相册的构思方法和制作技巧，读者通过学习可以掌握制作要点，从而设计制作出精美的电子相册。

课堂学习目标

- ✔ 了解电子相册的功能
- ✔ 了解电子相册的特点
- ✔ 掌握电子相册的设计思路
- ✔ 掌握电子相册的制作方法
- ✔ 掌握电子相册的应用技巧

14.1　电子相册设计概述

电子相册拥有传统相册不具备的优势，具有欣赏方便、交互性强、储存量大、易于保存、欣赏性强、成本低等优点。如图 14-1 所示。

图 14-1

14.2　制作时尚个性相册

14.2.1　案例分析

大多数人都希望能够将自己时尚个性的时刻记录下来，所以将这些照片整理存储的最好方法之一就是制作成电子相册，通过新的艺术和技术手段处理这些照片。

在设计制作过程中，使用棕色搭配花纹作为相册的背景，再设置好照片之间互相切换的顺序，增加电子相册的趣味性。将照片放置在画面的主要位置，左侧的缩览图清晰直观可见。

本例将使用"创建元件"命令，制作按钮元件；使用"属性"面板，改变图形的不透明度；使用"动作脚本"面板，为按钮添加脚本语言。

14.2.2　案例设计

本案例的效果如图 14-2 所示。

图 14-2

扫码观看
本案例视频

14.2.3　案例制作

1. 导入图片并制作小照片按钮

（1）选择"文件 > 新建"命令，弹出"新建文档"对话框，在"常规"选项卡中选择"ActionScript 2.0"选项，将"宽度"选项设为 800，"高度"选项设为 600，单击"确定"按钮，完成页面的创建。

（2）将"图层 1"重命名为"底图"，如图 14-3 所示。选择"文件 > 导入 > 导入到舞台"命令，在弹出的"导入"对话框中，选择云盘中的"Ch14 > 素材 > 制作时尚个性相册 > 01"文件，单击"打开"按钮，文件被导入到舞台窗口中，效果如图 14-4 所示。选中"底图"图层的第 80 帧，按 F5 键，插入普通帧。

图 14-3　　　　　　　　　　　　　　　　图 14-4

（3）按 Ctrl+F8 组合键，弹出"创建新元件"对话框，在"名称"选项的文本框中输入"小照片 1"，在"类型"选项的下拉列表中选择"按钮"选项，单击"确定"按钮，新建按钮元件"小照片 1"，如图 14-5 所示。舞台窗口也随之转换为按钮元件的舞台窗口。

（4）选择"文件 > 导入 > 导入到舞台"命令，在弹出的"导入"对话框中，选择云盘中的"Ch14 > 素材 > 时尚个性相册 > 06"文件，单击"打开"按钮，弹出"Adobe Flash CS6"对话框，询问是否导入序列中的所有图像，如图 14-6 所示。单击"否"按钮，文件被导入到舞台窗口中，效果如图 14-7 所示。

图 14-5　　　　　　　　　　图 14-6　　　　　　　　　　图 14-7

（5）新建按钮元件"小照片 2"，如图 14-8 所示。舞台窗口也随之转换为按钮元件"小照片 2"的舞台窗口。用步骤 4 中的方法将云盘中的"Ch14 > 素材 > 制作时尚个性相册 > 07"文件导入到舞台窗口中，效果如图 14-9 所示。新建按钮元件"小照片 3"，舞台窗口也随之转换为按钮元件"小照片 3"的舞台窗口。将云盘中的"Ch14 > 素材 > 制作时尚个性相册 > 08"文件导入到舞台窗口中，效果如图 14-10 所示。

（6）新建按钮元件"小照片 4"，舞台窗口也随之转换为按钮元件"小照片 4"的舞台窗口。将云盘中的"Ch14 > 素材 > 制作时尚个性相册 > 09"文件导入到舞台窗口中，效果如图 14-11 所示。

图 14-8 　　　　　　　　图 14-9 　　　　　　　图 14-10 　　　　　　图 14-11

（7）单击"库"面板下方的"新建文件夹"按钮 ，创建一个文件夹并将其命名为"照片"，如图 14-12 所示。在"库"面板中选中任意一幅位图图片，按住 Ctrl 键选中所有的位图图片，如图 14-13 所示。将选中的图片拖曳到"照片"文件夹中，如图 14-14 所示。

图 14-12 　　　　　　　　　图 14-13 　　　　　　　　　图 14-14

2. 在场景中确定小照片的位置

（1）单击舞台窗口左上方的"场景 1"图标 场景 1 ，进入"场景 1"的舞台窗口。在"时间轴"面板中创建新图层并将其命名为"小照片"。将"库"面板中的按钮元件"小照片 1"拖曳到舞台窗口中，在按钮"属性"面板中，将"X"选项设为 14，"Y"选项设为 297，将实例放置在背景图的左下方，效果如图 14-15 所示。

（2）将"库"面板中的按钮元件"小照片 2"拖曳到舞台窗口中，在按钮"属性"面板中，将"X"选项设为 105，"Y"选项设为 297，将实例放置在背景图的左下方，效果如图 14-16 所示。

（3）将"库"面板中的按钮元件"小照片 3"拖曳到舞台窗口中，在按钮"属性"面板中，将"X"选项设为 14，"Y"选项设为 361，将实例放置在背景图的左下方，效果如图 14-17 所示。

（4）将"库"面板中的按钮元件"小照片 4"拖曳到舞台窗口中，在按钮"属性"面板中，将"X"选项设为 105，"Y"选项设为 361，将实例放置在背景图的左下方，效果如图 14-18 所示。

图 14-15 　　　　　　　　图 14-16 　　　　　　　　图 14-17 　　　　　　　图 14-18

3. 制作大照片按钮

（1）按 Ctrl+F8 组合键，弹出"创建新元件"对话框，在"名称"选项的文本框中输入"大照片 1"，在"类型"选项的下拉列表中选择"按钮"选项，单击"确定"按钮，新建按钮元件"大照片 1"，如图 14-19 所示。舞台窗口也随之转换为按钮元件的舞台窗口。

（2）选择"文件 > 导入 > 导入到舞台"命令，在弹出的"导入"对话框中，选择云盘中的"Ch14 > 素材 > 制作时尚个性相册 > 02"文件，单击"打开"按钮，弹出"Adobe Flash CS6"对话框，询问是否导入序列中的所有图像，如图 14-20 所示。单击"否"按钮，文件被导入到舞台窗口中，效果如图 14-21 所示。

图 14-19　　　　　　　　　图 14-20　　　　　　　　　图 14-21

（3）新建按钮元件"大照片 2"，舞台窗口也随之转换为按钮元件"大照片 2"的舞台窗口。用相同的方法将云盘中的"Ch14 > 素材 > 制作时尚个性相册 > 03"文件导入到舞台窗口中，效果如图 14-22 所示。

（4）新建按钮元件"大照片 3"，舞台窗口也随之转换为按钮元件"大照片 3"的舞台窗口。将云盘中的"Ch14 > 素材 >制作时尚个性相册> 04"文件导入到舞台窗口中，效果如图 14-23 所示。

（5）新建按钮元件"大照片 4"，舞台窗口也随之转换为按钮元件"大照片 4"的舞台窗口。将云盘中的"Ch14 > 素材 >制作时尚个性相册> 05"文件导入到舞台窗口中，效果如图 14-24 所示。

图 14-22　　　　　　　　　图 14-23　　　　　　　　　图 14-24

（6）按住 Ctrl 键，在"库"面板中选中"02""03""04"和"05"文件，如图 14-25 所示。将其拖曳到"照片"文件夹中，如图 14-26 所示。

图 14-25   图 14-26

4．在场景中确定大照片的位置

（1）单击舞台窗口左上方的"场景 1"图标 ⬛场景1 ，进入"场景 1"的舞台窗口。在"时间轴"
面板中创建新图层并将其命名为"大照片 1"。分别选中"大照片 1"图层的第 2 帧、第 21 帧，按 F6
键，插入关键帧，如图 14-27 所示。选中第 2 帧，将"库"面板中的按钮元件"大照片 1"拖曳到舞
台窗口中。在按钮"属性"面板中，将"X"选项设为 258，"Y"选项设为 120，将实例放置在背景
图的右侧，效果如图 14-28 所示。

图 14-27   图 14-28

（2）分别选中"大照片 1"图层的第 10 帧、第 11 帧、第 20 帧，按 F6 键，插入关键帧。选中
"大照片 1"图层的第 2 帧，在舞台窗口中选中"大照片 1"实例，在图形"属性"面板中选择"色彩
效果"选项组，在"样式"选项的下拉列表中选择"Alpha"，将其值设为 0%，如图 14-29 所示，
舞台窗口中的效果如图 14-30 所示。用相同的方法设置"大照片 1"图层的第 20 帧。

图 14-29   图 14-30

（3）分别用鼠标右键单击"大照片 1"图层的第 2 帧、第 11 帧，在弹出的快捷菜单中选择"创建传统补间"命令，生成传统补间动画，如图 14-31 所示。选中"大照片 1"图层的第 10 帧，选择"窗口 > 动作"命令，弹出"动作"面板，在"动作"面板中设置脚本语言，"脚本窗口"中显示的效果如图 14-32 所示。

（4）在舞台窗口中选中"大照片 1"实例，选择"窗口 > 动作"命令，弹出"动作"面板，在"动作"面板中设置脚本语言，"脚本窗口"中显示的效果如图 14-33 所示。

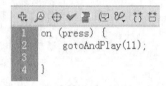

图 14-31　　　　　　　　　　图 14-32　　　　　　　　　　图 14-33

（5）在"时间轴"面板中创建新图层并将其命名为"大照片 2"。分别选中"大照片 2"图层的第 21 帧、第 41 帧，按 F6 键，插入关键帧。选中"大照片 2"图层的第 21 帧，将"库"面板中的按钮元件"大照片 2"拖曳到舞台窗口中。在按钮"属性"面板中，将"X"选项设为 258，"Y"选项设为 120，将实例放置在背景图的右侧，效果如图 14-34 所示。

（6）分别选中"大照片 2"图层的第 30 帧、第 31 帧、第 40 帧，按 F6 键，插入关键帧。选中"大照片 2"图层的第 21 帧，在舞台窗口中选中"大照片 2"实例，在图形"属性"面板中选择"色彩效果"选项组，在"样式"选项的下拉列表中选择"Alpha"，将其值设为 0%，如图 14-35 所示。用相同的方法设置"大照片 2"图层的第 40 帧。

（7）分别用鼠标右键单击"大照片 2"图层的第 21 帧、第 31 帧，在弹出的快捷菜单中选择"创建传统补间"命令，生成传统补间动画。

图 14-34　　　　　　　　　　　　　图 14-35

（8）选中"大照片 2"图层的第 30 帧，选择"窗口 > 动作"命令，弹出"动作"面板，在"动作"面板中设置脚本语言，"脚本窗口"中显示的效果如图 14-36 所示。

（9）在舞台窗口中选中"大照片 2"实例，选择"窗口 > 动作"命令，弹出"动作"面板，在"动作"面板中设置脚本语言，"脚本窗口"中显示的效果如图 14-37 所示。

（10）在"时间轴"面板中创建新图层并将其命名为"大照片 3"。分别选中"大照片 3"图层的第 41 帧、第 61 帧，按 F6 键，插入关键帧。选中"大照片 3"图层的第 41 帧，将"库"面板中的按钮元件"大照片 3"拖曳到舞台窗口中。在按钮"属性"面板中，将"X"选项设为 258，"Y"选项设为 120，将实例放置在背景图的右侧，效果如图 14-38 所示。

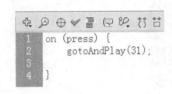

图 14-36　　　　　　　　图 14-37　　　　　　　　　　图 14-38

（11）分别选中"大照片 3"图层的第 50 帧、第 51 帧、第 60 帧，按 F6 键，插入关键帧。选中"大照片 3"图层的第 41 帧，在舞台窗口中选中"大照片 3"实例，在图形"属性"面板中选择"色彩效果"选项组，在"样式"选项的下拉列表中选择"Alpha"，将其值设为 0%，如图 14-39 所示。用相同的方法设置"大照片 3"图层的第 60 帧。

（12）分别用鼠标右键单击"大照片 3"图层的第 41 帧、第 51 帧，在弹出的快捷菜单中选择"创建传统补间"命令，生成传统补间动画。

（13）选中"大照片 3"图层的第 50 帧，选择"窗口 > 动作"命令，弹出"动作"面板，在"动作"面板中设置脚本语言，"脚本窗口"中显示的效果如图 14-40 所示。

（14）在舞台窗口中选中"大照片 3"实例，选择"窗口 > 动作"命令，弹出"动作"面板，在"动作"面板中设置脚本语言，"脚本窗口"中显示的效果如图 14-41 所示。

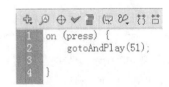

图 14-39　　　　　　　　图 14-40　　　　　　　　图 14-41

（15）在"时间轴"面板中创建新图层并将其命名为"大照片 4"。选中"大照片 4"图层的第 61 帧，按 F6 键，插入关键帧。将"库"面板中的按钮元件"大照片 4"拖曳到舞台窗口中。在按钮"属性"面板中，将"X"选项设为 258，"Y"选项设为 120，将实例放置在背景图的右侧，效果如图 14-42 所示。

（16）分别选中"大照片 4"图层的第 70 帧、第 71 帧、第 80 帧，按 F6 键，插入关键帧。选中"大照片 4"图层的第 61 帧，在舞台窗口中选中"大照片 4"实例，在图形"属性"面板中选择"色彩效果"选项组，在"样式"选项的下拉列表中选择"Alpha"，将其值设为 0%，如图 14-43 所示。用相同的方法设置"大照片 4"图层的第 80 帧。

（17）分别用鼠标右键单击"大照片 4"图层的第 61 帧、第 71 帧，在弹出的快捷菜单中选择"创建传统补间"命令，生成传统补间动画。

图 14-42

图 14-43

（18）选中"大照片4"图层的第70帧，选择"窗口 > 动作"命令，弹出"动作"面板，在"动作"面板中设置脚本语言，"脚本窗口"中显示的效果如图14-44所示。

（19）在舞台窗口中选中"大照片4"实例，选择"窗口 > 动作"命令，弹出"动作"面板，在"动作"面板中设置脚本语言，"脚本窗口"中显示的效果如图14-45所示。

图 14-44

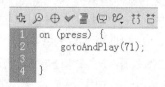

图 14-45

5. 添加动作脚本

（1）选中"小照片1"图层的第1帧，在舞台窗口中选中"小照片1"实例，选择"窗口 > 动作"命令，弹出"动作"面板，在"动作"面板中设置脚本语言，"脚本窗口"中显示的效果如图14-46所示。

（2）选中"小照片2"实例，在"动作"面板中设置脚本语言，"脚本窗口"中显示的效果如图14-47所示。选中"小照片3"实例，在"动作"面板中设置脚本语言，"脚本窗口"中显示的效果如图14-48所示。选中"小照片4"实例，在"动作"面板中设置脚本语言，"脚本窗口"中显示的效果如图14-49所示。

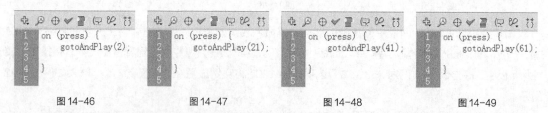

图 14-46　　　　　图 14-47　　　　　图 14-48　　　　　图 14-49

（3）在"时间轴"面板中创建新图层并将其命名为"动作脚本"。选中"动作脚本"图层的第1帧，按F6键，插入关键帧，选择"窗口 > 动作"命令，弹出"动作"面板，在"动作"面板中设置脚本语言，"脚本窗口"中显示的效果如图14-50所示。

（4）选中"动作脚本"图层的第20帧，按F6键，插入关键帧。选择"窗口 > 动作"命令，弹出"动作"面板，在"动作"面板中设置脚本语言，"脚本窗口"中显示的效果如图 14-51 所示。用相同的方法设置"动作脚本"图层的第 40 帧、第 60 帧和第 80 帧，如图 14-52 所示。时尚个性相册制作完成，按 Ctrl+Enter 组合键即可查看效果。

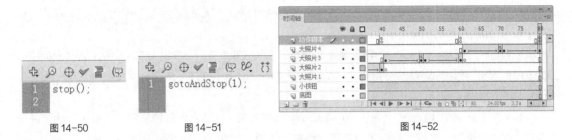

图 14-50   图 14-51   图 14-52

14.3　制作环球旅游相册

14.3.1　案例分析

很多人都喜欢旅行，在旅行中人们能够发现生活的美好，放松心情，所以将旅行中的美好时刻记录下来是非常重要的。旅行相册的设计要求美观大方。

在设计制作过程中，使用具有个性的插画图片作为相册的背景图案，并且在右侧搭配个人的照片，画面的中间放置旅行照片，在上方使用非常巧妙的方式放置照片的缩览图，使画面生动有趣，富有创意，增添观看照片的乐趣。

本例将使用"椭圆"工具和"线条"工具，绘制按钮图形；使用"创建传统补间"命令，制作补间动画；使用"动作"面板，设置脚本语言；使用"粘贴到当前位置"命令复制按钮图形；使用"变形"面板改变图片的大小。

14.3.2　案例设计

本案例的效果如图 14-53 所示。

扫码观看
本案例视频

图 14-53

14.3.3　案例制作

1. 导入图片并制作按钮

（1）选择"文件 > 新建"命令，弹出"新建文档"对话框，在"常规"选项卡中选择"ActionScript 2.0"选项，将"宽度"选项设为 800，"高度"选项设为 600，"背景颜色"选项设为黑色，单击"确定"按钮，完成页面的创建。

（2）选择"文件 > 导入 > 导入到库"命令，在弹出的"导入到库"对话框中，选择云盘中的"Ch14 > 素材 > 制作环球旅游相册 > 01~10"文件，单击"打开"按钮，文件被导入到"库"面板中，如图 14-54 所示。

（3）按 Ctrl+F8 组合键，弹出"创建新元件"对话框，在"名称"选项的文本框中输入"关闭按钮"，在"类型"选项的下拉列表中选择"按钮"选项，如图 14-55 所示。单击"确定"按钮，新建按钮元件"关闭按钮"，如图 14-56 所示。舞台窗口也随之转换为按钮元件的舞台窗口。

图 14-54　　　　　　　　　　　　　图 14-55　　　　　　　　　　　　　图 14-56

（4）选择"椭圆"工具 ◯，在椭圆工具"属性"面板中，将"笔触颜色"设为白色，"填充颜色"设为青绿色（#33CCCC），"笔触"选项设为 3，选中工具箱下方的"对象绘制"按钮 ◯，按住 Shift 键的同时绘制 1 个圆形，效果如图 14-57 所示。

（5）选择"线条"工具 ＼，在线条工具"属性"面板中，将"笔触颜色"设为白色，"填充颜色"设为无，"笔触"设为 6，其他选项的设置如图 14-58 所示。在舞台窗口中绘制 1 条倾斜直线，效果如图 14-59 所示。用相同的方法绘制 1 条直线，效果如图 14-60 所示。将背景色改为白色。

图 14-57　　　　　　　　图 14-58　　　　　　　　图 14-59　　　　　　　　图 14-60

（6）在"库"面板中新建一个按钮元件"按钮 1"，舞台窗口也随之转换为按钮元件的舞台窗口。将"库"面板中的位图"02"拖曳到舞台窗口中，如图 14-61 所示。

（7）在"库"面板中新建一个按钮元件"按钮 2"，舞台窗口也随之转换为按钮元件的舞台窗口。将"库"面板中的位图"03"拖曳到舞台窗口中，如图 14-62 所示。

（8）在"库"面板中新建一个按钮元件"按钮 3"，舞台窗口也随之转换为按钮元件的舞台窗口。将"库"面板中的位图"04"拖曳到舞台窗口中，如图 14-63 所示。

图 14-61

图 14-62

图 14-63

2. 制作图形元件

（1）按 Ctrl+F8 组合键，弹出"创建新元件"对话框，在"名称"选项的文本框中输入"图片 1"，在"类型"选项的下拉列表中选择"图形"选项，单击"确定"按钮，新建图形元件"图片 1"，如图 14-64 所示。舞台窗口也随之转换为图形元件的舞台窗口。

（2）将"库"面板中的位图"05"拖曳到舞台窗口中，如图 14-65 所示。在"库"面板中新建一个图形元件"图片 2"，舞台窗口也随之转换为图形元件的舞台窗口。将"库"面板中的位图"06"拖曳到舞台窗口中，如图 14-66 所示。

（3）在"库"面板中新建一个图形元件"图片 3"，舞台窗口也随之转换为图形元件的舞台窗口。将"库"面板中的位图"07"拖曳到舞台窗口中，如图 14-67 所示。

图 14-64

图 14-65

图 14-66

图 14-67

3. 制作动画效果

（1）单击舞台窗口左上方的"场景 1"图标 场景1，进入"场景 1"的舞台窗口。将"图层 1"重命名为"底图"。将"库"面板中的位图"01"拖曳到舞台窗口中，如图 14-68 所示。选中"底图"图层的第 88 帧，按 F5 键，插入普通帧。

（2）在"时间轴"面板中创建新图层并将其命名为"按钮"。分别将"库"面板中的按钮元件"按钮 1""按钮 2"和"按钮 3"拖曳到舞台窗口中，并放置在适当的位置，如图 14-69 所示。

（3）在"时间轴"面板中创建新图层并将其命名为"图夹"。分别将"库"面板中的位图"08""09"和"10"拖曳到舞台窗口中，并放置在适当的位置，如图 14-70 所示。

图 14-68   图 14-69   图 14-70

（4）在"时间轴"面板中创建新图层并将其命名为"图片 1"。选中"图片 1"图层的第 2 帧，按 F6 键，插入关键帧。将"库"面板中的图形元件"图片 1"拖曳到舞台窗口中，如图 14-71 所示。选中"图片 1"图层的第 15 帧、第 30 帧，按 F6 键，插入关键帧。选中"图片 1"图层的第 31 帧，按 F7 键，插入空白关键帧。

（5）选中"图片 1"图层的第 2 帧，在舞台窗口中将"图片 1"实例水平向右拖曳到适当的位置，如图 14-72 所示。选中"图片 1"图层的第 30 帧，在舞台窗口中将"图片 1"实例水平向左拖曳到适当的位置，如图 14-73 所示。

（6）分别用鼠标右键单击"图片 1"图层的第 2 帧、第 15 帧，在弹出的快捷菜单中选择"创建传统补间"命令，生成传统补间动画。

图 14-71   图 14-72   图 14-73

（7）选中"图片 1"图层的第 30 帧，选择"窗口 > 动作"命令，弹出"动作"面板，在"动作"面板中设置脚本语言，"脚本窗口"中显示的效果如图 14-74 所示。

（8）在"时间轴"面板中创建新图层并将其命名为"图片 2"。选中"图片 2"图层的第 31 帧，按 F6 键，插入关键帧。将"库"面板中的图形元件"图片 2"拖曳到舞台窗口中，如图 14-75 所示。选中"图片 2"图层的第 44 帧、第 59 帧，按 F6 键，插入关键帧。选中"图片 2"图层的第 60 帧，按 F7 键，插入空白关键帧。

（9）选中"图片 2"图层的第 31 帧，在舞台窗口中将"图片 2"实例水平向右拖曳到适当的位置，如图 14-76 所示。

图14-74

图14-75

图14-76

（10）选中"图片2"图层的第59帧，在舞台窗口中将"图片2"实例水平向左拖曳到适当的位置，如图14-77所示。分别用鼠标右键单击"图片2"图层的第31帧、第44帧，在弹出的快捷菜单中选择"创建传统补间"命令，生成传统补间动画，如图14-78所示。选中"图片2"图层的第59帧，选择"窗口 > 动作"命令，弹出"动作"面板，在"动作"面板中设置脚本语言，"脚本窗口"中显示的效果如图14-79所示。

图14-77

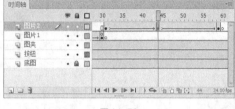

图14-78

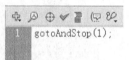

图14-79

（11）在"时间轴"面板中创建新图层并将其命名为"图片3"。选中"图片3"图层的第60帧，按F6键，插入关键帧。将"库"面板中的图形元件"图片3"拖曳到舞台窗口中，如图14-80所示。选中"图片3"图层的第73帧、第88帧，按F6键，插入关键帧。

（12）选中"图片3"图层的第60帧，在舞台窗口中将"图片3"实例水平向右拖曳到适当的位置，如图14-81所示。选中"图片3"图层的第80帧，在舞台窗口中将"图片3"实例水平向左拖曳到适当的位置，如图14-82所示。

图14-80

图14-81

图14-82

（13）分别用鼠标右键单击"图片3"图层的第60帧、第73帧，在弹出的快捷菜单中选择"创建传统补间"命令，生成传统补间动画，如图14-83所示。选中"图片3"图层的第80帧，选择"窗口 > 动作"命令，弹出"动作"面板，在"动作"面板中设置脚本语言，"脚本窗口"中显示的效果如图14-84所示。

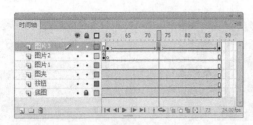

图 14-83

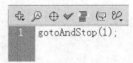

图 14-84

（14）在"时间轴"面板中创建新图层并将其命名为"关闭按钮"。分别选中"关闭按钮"图层的第 15 帧、第 16 帧、第 44 帧、第 45 帧、第 73 帧、第 74 帧，按 F6 键，插入关键帧。

（15）选中"关闭按钮"图层的第 15 帧，将"库"面板中的按钮元件"关闭按钮"拖曳到对应舞台窗口中相框的右上角，效果如图 14-85 所示。

（16）用相同的方法，分别选中"按钮"图层的第 44 帧、第 73 帧，将"库"面板中的按钮元件"关闭按钮"拖曳到对应舞台窗口中相框的右上角，"时间轴"面板上的效果如图 14-86 所示。

图 14-85

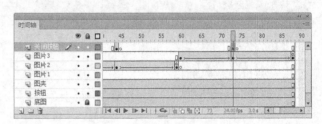

图 14-86

（17）选中"关闭按钮"图层的第 15 帧，在舞台窗口中选中"关闭按钮"实例，调出"动作"面板，在"动作"面板中设置脚本语言，脚本语言如下。

```
on (press) {
gotoAndPlay(16);
}
```

"脚本窗口"中显示的效果如图 14-87 所示。设置好动作脚本后，关闭"动作"面板。

（18）用步骤 17 的方法分别对"关闭按钮"图层的第 44 帧、第 73 帧对应舞台窗口中的"关闭按钮"实例进行操作，只需将脚本语言后面括号中的数字改成该帧的后一帧的帧数即可。

（19）在"时间轴"面板中创建新图层并将其命名为"动作脚本"。分别选中"动作脚本"图层的第 15 帧、第 44 帧、第 73 帧，按 F6 键，插入关键帧。

（20）选中"动作脚本"图层的第 1 帧，调出"动作"面板，在面板中单击"将新项目添加到脚本中"按钮 ，在弹出的下拉菜单中选择"全局函数 > 时间轴控制 > stop"命令，在"脚本窗口"中显示出选择的脚本语言，如图 14-88 所示。

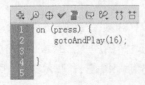

图 14-87

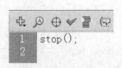

图 14-88

（21）用步骤20的方法对"动作脚本"图层的其他关键帧进行操作，如图14-89所示。环球旅游相册制作完成，按Ctrl+Enter组合键即可查看效果。

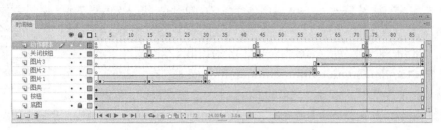

图14-89

14.4 制作美食相册

14.4.1 案例分析

本例要求为餐厅制作电子美食相册，在餐厅里精美的食物照片是吸引顾客的重要手段，为了能够更加吸引顾客的注意，要求制作美食相册，从而达到吸引消费者的目的。

在设计制作过程中，要挑选最有代表性的美食照片，根据美食的特色和归类来设计摆放的顺序，选择具有意境的照片来作为背景图，通过动画来表现出照片在浏览时的视觉效果。

本例将使用"矩形"工具和"颜色"面板，绘制按钮图形；使用"属性"面板，设置图像的具体位置；使用"动作"面板，添加脚本语言；使用"遮罩层"命令，制作照片遮罩效果。

14.4.2 案例设计

本案例的效果如图14-90所示。

图14-90

14.4.3 案例制作

1. 导入素材制作元件

（1）选择"文件 > 新建"命令，弹出"新建文档"对话框，在"常规"选项卡中选择"ActionScript

3.0"选项，将"宽"选项设为 800，"高"选项设为 600，"背景颜色"选项设为黄色（#FFCC00），单击"确定"按钮，完成文档的创建。

（2）选择"文件 > 导入 > 导入到库"命令，在弹出的"导入到库"对话框中，选择云盘中的"Ch14 > 素材 > 制作美食相册 > 01～07"文件，单击"打开"按钮，文件被导入到"库"面板中，如图 14-91 所示。

（3）按 Ctrl+F8 组合键，弹出"创建新元件"对话框，在"名称"选项的文本框中输入"照片"，在"类型"选项的下拉列表中选择"图形"，如图 14-92 所示。单击"确定"按钮，新建图形元件"照片"，如图 14-93 所示。舞台窗口也随之转换为图形元件的舞台窗口。

图 14-91   图 14-92   图 14-93

（4）分别将"库"面板中的位图"02""03""04""05""06""07"拖曳到舞台窗口中，调出位图"属性"面板，将所有照片的"Y"选项设为 0，"X"选项保持不变，效果如图 14-94 所示。

图 14-94

（5）选中所有实例，选择"修改 > 对齐 > 按宽度均匀分布"命令，效果如图 14-95 所示。按 Ctrl+G 组合键，将其组合。调出组"属性"面板，将"X"选项设为 0，"Y"选项设为 0，效果如图 14-96 所示。

图 14-95

图 14-96

（6）保持对象的选取状态，按 Ctrl+C 组合键，复制图形。按 Ctrl+Shift+V 组合键，将其原位粘贴在当前位置，调出组"属性"面板，将"X"选项设为 680，"Y"选项保持不变，效果如图 14-97 所示。

图 14-97

（7）按 Ctrl+F8 组合键，弹出"创建新元件"对话框，在"名称"选项的文本框中输入"图形"，在"类型"选项的下拉列表中选择"图形"选项，如图 14-98 所示。单击"确定"按钮，新建图形元件"图片"，如图 14-99 所示。舞台窗口也随之转换为图形元件的舞台窗口。

（8）选择"矩形"工具，在矩形工具"属性"面板中，将"笔触颜色"设为白色，"填充颜色"设为无，"笔触"选项设为 3，其他选项的设置如图 14-100 所示。

图 14-98　　　　　　　　　　图 14-99　　　　　　　　　　图 14-100

（9）在舞台窗口中绘制矩形，效果如图 14-101 所示。选择"选择"工具，双击矩形笔触将其选中，选择"窗口 > 颜色"命令，弹出"颜色"面板，选择"笔触颜色"选项，在"颜色类型"选项的下拉列表中选择"线性渐变"，在色带上将左边的颜色控制点设为白色，在"Alpha"选项中将其不透明度设为 52，将右边的颜色控制点设为白色，生成渐变色，如图 14-102 所示，效果如图 14-103 所示。

图 14-101　　　　　　　　　　图 14-102　　　　　　　　　　图 14-103

（10）选择"渐变变形"工具，在舞台窗口中单击渐变色，出现控制点和控制线，分别拖曳控制点改变渐变色的角度和大小，效果如图 14-104 所示。取消渐变选取状态，效果如图 14-105 所示。使用相同的方法再制作渐变图形，效果如图 14-106 所示。

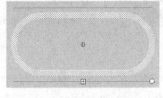

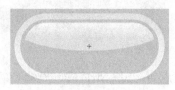

图 14-104　　　　　　　　　　图 14-105　　　　　　　　　　图 14-106

（11）按 Ctrl+F8 组合键，弹出"创建新元件"对话框，在"名称"选项的文本框中输入"播放"，在"类型"选项下拉列表中选择"按钮"选项，单击"确定"按钮，新建按钮元件"播放"，如图 14-107 所示。舞台窗口也随之转换为按钮元件的舞台窗口。

（12）将"库"面板中的图形元件"图形"拖曳到舞台窗口中适当的位置，效果如图 14-108 所示。选中"指针经过"帧，按 F5 键，插入普通帧。

图 14-107　　　　　　　　　　　　　　　　图 14-108

（13）单击"时间轴"面板下方的"新建图层"按钮，创建新图层"图层 2"。选择"多角星形"工具，在"多角星形"工具的"属性"面板中单击"工具设置"选项下的"选项"按钮，弹出"工具设置"对话框，将"边数"选项设为 3，如图 14-109 所示。单击"确定"按钮，在多角星形工具"属性"面板中，将"笔触颜色"设为无，"填充颜色"设为白色，其他选项的设置如图 14-110所示，在舞台窗口中绘制 1 个三角形，效果如图 14-111 所示。

图 14-109　　　　　　　　　图 14-110　　　　　　　　　图 14-111

（14）选中"指针经过"帧，按 F6 键，插入关键帧，如图 14-112 所示。在工具箱中将"填充颜色"设为红色（#FF0000），效果如图 14-113 所示。用相同的方法制作按钮元件"停止"，效果如图 14-114 所示。

图 14-112

图 14-113

图 14-114

2. 制作场景动画

（1）单击舞台窗口左上方的"场景 1"图标 ，进入"场景 1"的舞台窗口。将"图层 1"重命名为"底图"。将"库"面板中的位图"01"拖曳到舞台窗口中，如图 14-115 所示。选中"底图"图层的第 100 帧，按 F5 键，插入普通帧，如图 14-116 所示。

图 14-115

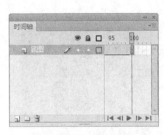

图 14-116

扫码观看
本案例视频

（2）在"时间轴"面板中创建新图层并将其命名为"按钮"。分别将"库"面板中的按钮元件"播放""停止"拖曳到舞台窗口中，并放置在适当的位置，如图 14-117 所示。选择"选择"工具 ，在舞台窗口中选中"播放"实例，在按钮"属性"面板"实例名称"选项的文本框中输入"start_Btn"，如图 14-118 所示。用相同的方法为"停止"按钮命名，如图 14-119 所示。

图 14-117

图 14-118

图 14-119

（3）在"时间轴"面板中创建新图层并将其命名为"透明"。选择"矩形"工具 ，选择"窗口 > 颜色"命令，弹出"颜色"面板，将"笔触颜色"设为无，"填充颜色"设为白色，"Alpha"选项设为 50，如图 14-120 所示。在舞台窗口中绘制多个矩形，效果如图 14-121 所示。

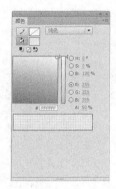

图 14-120　　　　　　　　　　　　　　　　　图 14-121

（4）在"时间轴"面板中创建新图层并将其命名为"图片"。选中"图片"图层的第 2 帧，按 F6键，插入关键帧。将"库"面板中的图形元件"照片"拖曳到舞台窗口中，如图 14-122 所示。

（5）选中"照片"图层的第 100 帧，按 F6 键，插入关键帧。在舞台窗口中将"照片"实例水平向左拖曳到适当的位置，如图 14-123 所示。

（6）用鼠标右键单击"照片"图层的第 2 帧，在弹出的快捷菜单中选择"创建传统补间"命令，生成传统补间动画。

图 14-122　　　　　　　　　　　　　　　　　图 14-123

（7）在"时间轴"面板中创建新图层并将其命名为"遮罩"。选中"遮罩"图层的第 2 帧，按 F6键，插入关键帧。选中"透明"图层的第 1 帧，按 Ctrl+C 组合键，将其复制。选中"遮罩"图层的第 2 帧，按 Ctrl+Shift+V 组合键，将其原位粘贴到"遮罩"图层中。

（8）用鼠标右键单击"遮罩"图层，在弹出的快捷菜单中选择"遮罩层"命令，将"遮罩"图层设为遮罩的层，"照片"图层设为被遮罩的层，"时间轴"面板如图 14-124 所示，舞台窗口中的效果如图 14-125 所示。

图 14-124　　　　　　　　　　　　　　　　　图 14-125

（9）选中"照片"图层的第 100 帧，选择"窗口 > 动作"命令，弹出"动作"面板，在"动作"面板中设置脚本语言，"脚本窗口"中显示的效果如图 14-126 所示。

（10）在"时间轴"面板中创建新图层并将其命名为"装饰"。选择"矩形"工具 ，在工具箱中将"笔触颜色"设为无，"填充颜色"设为橘黄色（#D99E44），在舞台窗口中绘制 1 个矩形，效果如图 14-127 所示。在工具箱中将"填充颜色"设为白色，在舞台窗口中绘制多个矩形，效果如图 14-128 所示。

图 14-126

图 14-127

图 14-128

（11）在"时间轴"面板中创建新图层并将其命名为"动作脚本"。选中"动作脚本"图层的第 1 帧，选择"窗口 > 动作"命令，弹出"动作"面板，在"动作"面板中设置脚本语言，"脚本窗口"中显示的效果如图 14-129 所示。美食相册制作完成，按 Ctrl+Enter 组合键即可查看效果。

图 14-129

课堂练习——制作儿童电子相册

练习知识要点

使用"导入"命令，导入图像制作按钮元件；使用"创建传统补间"命令，制作补间动画效果；使用"动作"面板，添加脚本语言。完成效果如图 14-130 所示。

图 14-130

◎ **效果所在位置**

云盘/Ch14/效果/制作儿童电子相册.fla。

课后习题——制作个人电子相册

🔗 **习题知识要点**

使用"圆角矩形"工具，绘制按钮图形；使用"创建传统补间"命令，制作动画效果；使用"遮罩层"命令，制作挡板图形；使用"动作"面板，添加脚本语言。完成效果如图 14-131 所示。

图 14-131

◎ **效果所在位置**

云盘/Ch14/效果/制作个人电子相册.fla。

15 第15章
广告设计

广告可以帮助企业树立品牌形象、拓展知名度、提高销售量。本章以多个主题的广告为例，讲解广告的设计方法和制作技巧。通过学习本章的内容，读者可以掌握广告的设计思路和制作要领，创作广告。

课堂学习目标

- ✔ 了解广告的概念
- ✔ 了解广告的传播方式
- ✔ 了解广告的表现形式
- ✔ 掌握广告动画的设计思路
- ✔ 掌握广告动画的制作方法和技巧

15.1　广告设计概述

广告设计是视觉传达艺术设计的一种，其价值在于把产品的功能特点通过一定的方式转换成视觉元素，使之更直观地面对消费者。广告媒体有很多，是大面积、多层次展现企业或产品形象的最有力的传播载体。广告设计基于广告学与设计，广告设计能代替企业、品牌、活动等为产品做广告。网络时代到来之后，网络广告其实就是最新的广告设计和表现形式。效果如图 15-1 所示。

图 15-1

15.2　制作健身舞蹈广告

15.2.1　案例分析

近年来，广大人民群众的生活水平日益提高，健康意识深入人心，健身热潮持续升温。健身舞蹈是一种集体性健身活动，编排新颖，动作简单，易于普及，已经成为现代人热衷的健身方式。健身舞蹈广告要表现出健康、时尚、积极的主题。

在设计制作过程中，以渐变的绿色的和富有创意的炫酷图案作为画面的背景；以正在舞蹈的人物表现出生机和活力；以跃动的节奏图形和主题文字激发人们参与健身舞蹈的热情。

本例将使用"矩形"工具和"任意变形"工具，制作声音条动画效果；使用"逐帧动画"制作文字动画效果；使用"创建传统补间"命令制作人物变色效果。

15.2.2　案例设计

本案例的效果如图 15-2 所示。

扫码观看
本案例视频

图 15-2

15.2.3 案例制作

1. 导入素材制作声音条动画

（1）选择"文件 > 新建"命令，弹出"新建文档"对话框，在"常规"选项卡中选择"ActionScript 3.0"选项，将"宽度"选项设为 700，"高度"选项设为 400，"背景颜色"选项设为蓝色（#00CBFF），单击"确定"按钮，完成文档的创建。

（2）选择"文件 > 导入 > 导入到库"命令，在弹出的"导入到库"对话框中，选择云盘中的"Ch15 > 素材 > 制作健身舞蹈广告 > 01～08"文件，单击"打开"按钮，文件被导入到"库"面板中，如图 15-3 所示。

（3）单击"库"面板下方的"新建元件"按钮，新建影片剪辑元件"声音条"。选择"矩形"工具，在工具箱中将"笔触颜色"设为无，"填充颜色"设为白色，在舞台窗口中绘制多个矩形，选中所有矩形，选择"窗口 > 对齐"命令，弹出"对齐"面板，单击"底对齐"按钮，将所有矩形底对齐，效果如图 15-4 所示。

图 15-3

图 15-4

（4）选中"图层 1"的第 8 帧，按 F5 键，插入普通帧。分别选中"图层 1"的第 3 帧、第 5 帧、第 7 帧，按 F6 键，插入关键帧。选中"图层 1"的第 3 帧，选择"任意变形"工具，在舞台窗口中随机改变各矩形的高度，保持底对齐，效果如图 15-5 所示。用相同的方法分别对"图层 1"的第 5 帧、第 7 帧所对应舞台窗口中的矩形进行操作，效果如图 15-6 和图 15-7 所示。

图 15-5

图 15-6

图 15-7

2. 制作圆动动画

（1）在"库"面板中新建一个图形元件"飘带"，如图 15-8 所示。舞台窗口也随之转换为图形元件的舞台窗口。将"库"面板中的位图"02"拖曳到舞台窗口中，如图 15-9 所示。

（2）用相同的方法分别将"库"面板中的位图"03""04""06""07"和"08"文件，制作成图形元件"图片""音乐图标""人物""油墨"和"圆标"，如图 15-10 所示。

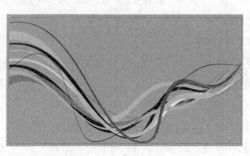

图 15-8   图 15-9   图 15-10

（3）在"库"面板中新建一个影片剪辑元件"圆动"，如图 15-11 所示。舞台窗口也随之转换为影片剪辑元件的舞台窗口。将"库"面板中的图形元件"圆标"拖曳到舞台窗口中，如图 15-12 所示。

图 15-11   图 15-12

（4）分别选中"图层 1"的第 10 帧、第 20 帧，按 F6 键，插入关键帧。选中"图层 1"图层的第 10 帧，在舞台窗口中选中"圆标"实例，选择"任意变形"工具 ，按住 Shift 键拖曳控制点，将其等比例放大，效果如图 15-13 所示。

（5）分别用鼠标右键单击"图层 1"的第 1 帧、第 10 帧，在弹出的快捷菜单中选择"创建传统补间"命令，生成传统补间动画，如图 15-14 所示。

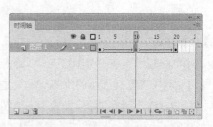

图 15-13   图 15-14

3. 制作动画效果

（1）单击舞台窗口左上方的"场景1"图标 ⊟ 场景1，进入"场景1"的舞台窗口。将"图层1"重命名为"底图"。将"库"面板中的位图"01"拖曳到舞台窗口中，效果如图15-15所示。选中"底图"图层的第200帧，按F5键，插入普通帧，如图15-16所示。

图 15-15

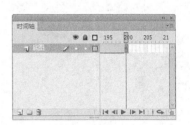

图 15-16

（2）在"时间轴"中创建新图层并将其命名为"飘带"。将"库"面板中的图形元件"飘带"拖曳到舞台窗口中，并放置在适当的位置，如图15-17所示。选中"飘带"图层的第40帧，按F6键，插入关键帧，如图15-18所示。

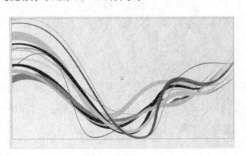

图 15-17

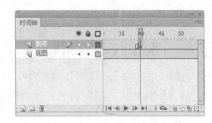

图 15-18

（3）选中"飘带"图层的第1帧，在舞台窗口中选中"飘带"实例，在图形"属性"面板中选择"色彩效果"选项组，在"样式"选项的下拉列表中选择"Alpha"，将其值设为0%。用鼠标右键单击"飘带"图层的第1帧，在弹出的快捷菜单中选择"创建传统补间"命令，生成传统补间动画，如图15-19所示。

（4）在"时间轴"中创建新图层并将其命名为"遮罩"。选择"矩形"工具 ▭，在工具箱中将"笔触颜色"设为无，"填充颜色"设为白色，在舞台窗口的左外侧绘制1个矩形条，如图15-20所示。

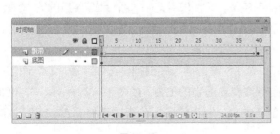

图 15-19

图 15-20

（5）选中"遮罩"图层的第 30 帧，按 F6 键，插入关键帧。选择"任意变形"工具，选中矩形条，在矩形条的周围出现控制框，如图 15-21 所示。选中矩形右侧中间的控制点向右拖曳到适当的位置，改变矩形的宽度，如图 15-22 所示。

（6）用鼠标右键单击"遮罩"图层的第 1 帧，在弹出的快捷菜单中选择"创建补间形状"命令，生成形状补间动画。用鼠标右键单击"遮罩"图层，在弹出的快捷菜单中选择"遮罩层"命令，将图层"遮罩"设为遮罩的层，图层"飘带"设为被遮罩的层，"时间轴"面板如图 15-23 所示。

图 15-21　　　　　　　　　　　　图 15-22　　　　　　　　　　　　图 15-23

（7）在"时间轴"中创建新图层并将其命名为"图片"。选中"图片"图层的第 40 帧，按 F6 键，插入关键帧。将"库"面板中的图形元件"图片"拖曳到舞台窗口中，并放置在适当的位置，如图 15-24 所示。

（8）选中"图片"图层的第 60 帧，按 F6 键，插入关键帧。选中"图片"图层的第 40 帧，在舞台窗口中选中"图片"实例，在图形"属性"面板中选择"色彩效果"选项组，在"样式"选项的下拉列表中选择"Alpha"，将其值设为 0%。用鼠标右键单击"图片"图层的第 40 帧，在弹出的快捷菜单中选择"创建传统补间"命令，生成传统补间动画，如图 15-25 所示。

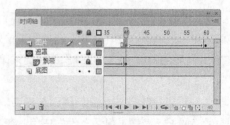

图 15-24　　　　　　　　　　　　　　　图 15-25

（9）在"时间轴"中创建新图层并将其命名为"图片 2"。选中"图片 2"图层的第 50 帧，按 F6 键，插入关键帧。将"库"面板中的图形元件"音乐图标"拖曳到舞台窗口中，并放置在适当的位置，如图 15-26 所示。

（10）选中"图片 2"图层的第 70 帧，按 F6 键，插入关键帧。选中"图片 2"图层的第 50 帧，在舞台窗口中将"图片 2"实例垂直向下拖曳到适当的位置，如图 15-27 所示。并在图形"属性"面板中选择"色彩效果"选项组，在"样式"选项的下拉列表中选择"Alpha"，将其值设为 0%。

图15-26

图15-27

（11）用鼠标右键单击"图片2"图层的第50帧，在弹出的快捷菜单中选择"创建传统补间"命令，生成传统补间动画，如图15-28所示。

（12）在"时间轴"中创建新图层并将其命名为"圆"。选中"圆"图层的第70帧，按F6键，插入关键帧。将"库"面板中的影片剪辑元件"圆动"向舞台窗口中拖曳3次，选择"任意变形"工具，按需要分别调整"圆动"实例的大小，并放置在适当的位置，如图15-29所示。

（13）在"时间轴"中创建新图层并将其命名为"标题"。选中"标题"图层的第70帧，按F6键，插入关键帧。将"库"面板中的位图"05"拖曳到舞台窗口中，并放置在适当的位置，如图15-30所示。

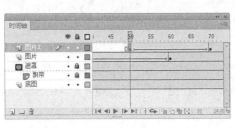

图15-28

图15-29

图15-30

（14）在"时间轴"中创建新图层并将其命名为"人物"。选中"人物"图层的第70帧，按F6键，插入关键帧。将"库"面板中的图形元件"人物"拖曳到舞台窗口中，并放置在适当的位置，如图15-31所示。

（15）选中"人物"图层的第90帧，按F6键，插入关键帧。选中"人物"图层的第70帧，在舞台窗口中将"人物"实例水平向右拖曳到适当的位置，如图15-32所示。用鼠标右键单击"人物"图层的第70帧，在弹出的快捷菜单中选择"创建传统补间"命令，生成传统补间动画。

（16）分别选中"人物"图层的第95帧、第96帧、第101帧、第102帧、第107帧、第108帧、第113帧、第114帧、第118帧、第119帧、第124帧、第125帧、第130帧、第131帧、第136帧、第137帧、第142帧、第143帧，按F6键，插入关键帧。

（17）选中"人物"图层的第95帧，在舞台窗口中选中"人物"实例，在图形"属性"面板中选择"色彩效果"选项组，在"样式"选项的下拉列表中选择"色调"，各选项的设置如图15-33所示，舞台窗口中的效果如图15-34所示。

图 15-31

图 15-32

图 15-33

图 15-34

（18）用相同的方法设置"人物"图层的第 101 帧、第 107 帧、第 113 帧、第 118 帧、第 124 帧、第 130 帧、第 136 帧、第 142 帧，"时间轴"面板如图 15-35 所示。

（19）在"时间轴"中创建新图层并将其命名为"声音条"。选中"声音条"图层的第 90 帧，按 F6 键，插入关键帧。将"库"面板中的影片剪辑元件"声音条"拖曳到舞台窗口中，并放置在适当的位置，效果如图 15-36 所示。

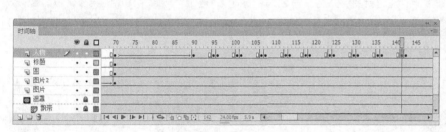
图 15-35

图 15-36

（20）在"时间轴"中创建新图层并将其命名为"墨点"。选中"墨点"图层的第 90 帧，按 F6 键，插入关键帧。将"库"面板中的图形元件"墨点"拖曳到舞台窗口中，并放置在适当的位置，如图 15-37 所示。

（21）选中"墨点"图层的第 110 帧，按 F6 键，插入关键帧。选中"墨点"图层的第 90 帧，在舞台窗口中选中"墨点"实例，在图形"属性"面板中选择"色彩效果"选项组，在"样式"选项的下拉列表中选择"Alpha"，将其值设为 0%。

（22）用鼠标右键单击"墨点"图层的第 90 帧，在弹出的快捷菜单中选择"创建传统补间"命令，生成传统补间动画。健身舞蹈广告制作完成，按 Ctrl+Enter 组合键即可查看效果，如图 15-38 所示。

图 15-37

图 15-38

15.3 制作豆浆机广告

15.3.1 案例分析

豆浆作为营养价值高、普及广的食物，被人们广泛食用。随着时代的发展，人们对自身健康越来越重视，自制豆浆也被越来越多的家庭选择，从而带动豆浆机市场。现需要为一款豆浆机制作宣传广告，要求能够体现出豆浆机的主要功能和特色。

在设计制作过程中，通过麦色的背景营造出温馨的氛围，给人舒适感，其与背景图片完美结合，体现出健康、自然的宣传主题，飘动的线条突出宣传主体，同时体现出时尚感，红色的文字醒目突出，让人一目了然，可读性强。

本例将使用"导入"命令，导入素材文件；使用"创建元件"命令，将导入的素材制作成图形元件；使用"文字"工具，输入广告语文本；使用"分离"命令，将输入的文字进行打散处理；使用"创建传统补间"命令，制作补间动画效果；使用"动作脚本"命令，添加动作脚本。

15.3.2 案例设计

本案例的效果如图 15-39 所示。

图 15-39

15.3.3 案例制作

1. 导入素材制作元件

（1）选择"文件 > 新建"命令，弹出"新建文档"对话框，在"常规"选项卡中选择"ActionScript 2.0"选项，将"宽度"选项设为 800，"高度"选项设为 500，单击"确定"按钮，完成文档的创建。

（2）选择"文件 > 导入 > 导入到库"命令，在弹出的"导入到库"对话框中，选择云盘中的"Ch15 > 素材 > 制作豆浆机广告 > 01～04"文件，单击"打开"按钮，文件被导入到"库"面板中，如图 15-40 所示。

（3）按 Ctrl+F8 组合键，弹出"创建新元件"对话框，在"名称"选项的文本框中输入"豆浆机"，在"类型"选项的下拉列表中选择"图形"，单击"确定"按钮，新建图形元件"豆浆机"，如

图 15-41 所示。舞台窗口也随之转换为图形元件的舞台窗口。将"库"面板中的位图"02"拖曳到舞台窗口中，如图 15-42 所示。

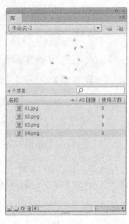

图 15-40

图 15-41

图 15-42

（4）用上述的方法将"库"面板中的"03""04"文件，分别制作成图形元件"价位牌"和"大豆"，"库"面板如图 15-43 所示。

（5）在"库"面板中新建一个图形元件"文字 1"，如图 15-44 所示。舞台窗口也随之转换为图形元件的舞台窗口。选择"文本"工具 T，在文本工具"属性"面板中进行设置，在舞台窗口中适当的位置输入大小为 18、字体为"微软雅黑"的红色（#B23600）文字，文字效果如图 15-45 所示。

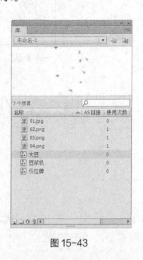

图 15-43

图 15-44

D52秋季新品全新上市

图 15-45

（6）在"库"面板中新建一个图形元件"文字 3"，如图 15-46 所示。舞台窗口也随之转换为图形元件的舞台窗口。选择"文本"工具 T，在文本工具"属性"面板中进行设置，在舞台窗口中适当的位置输入大小为 18、字体为"微软雅黑"的红色（#B23600）文字，文字效果如图 15-47 所示。在"库"面板中新建一个图形元件"文字 2"，如图 15-48 所示。舞台窗口也随之转换为图形元件的舞台窗口。

图 15-46

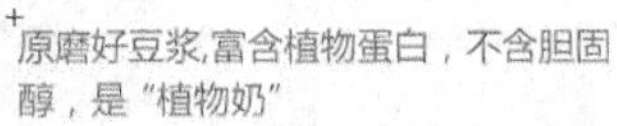

原磨好豆浆,富含植物蛋白,不含胆固
醇,是"植物奶"

图 15-47

图 15-48

（7）选择"文本"工具 T，在文本工具"属性"面板中进行设置，在舞台窗口中适当的位置输入大小为 63、字体为"方正大黑简体"的深红色（#800000）文字，文字效果如图 15-49 所示。

（8）选择"选择"工具 ，在舞台窗口中选中文字，如图 15-50 所示。按两次 Ctrl+B 组合键，将选中的文字打散，效果如图 15-51 所示。

原磨鲜香

图 15-49

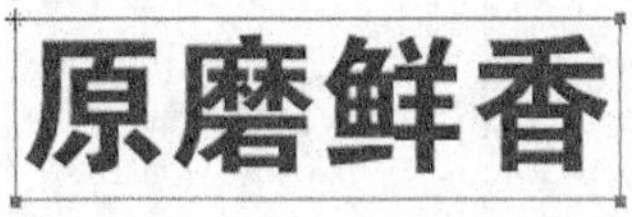

原磨鲜香

图 15-50

原磨鲜香

图 15-51

（9）在文字图形的上半部分拖曳出 1 个矩形，如图 15-52 所示。松开鼠标将其选中，如图 15-53 所示。在工具箱中将"填充颜色"选项设为红色（#AC0000），效果如图 15-54 所示。

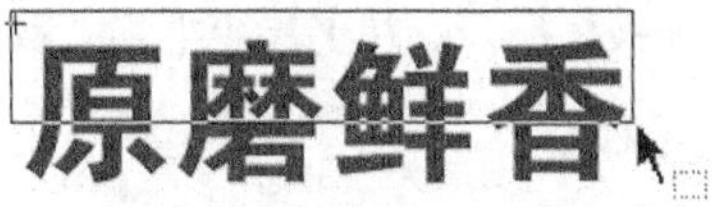

原磨鲜香

图 15-52

原磨鲜香

图 15-53

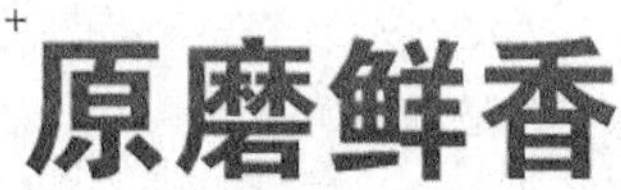

原磨鲜香

图 15-54

（10）按 Ctrl+F8 组合键，弹出"创建新元件"对话框，在"名称"选项的文本框中输入"按钮"，在"类型"选项的下拉列表中选择"按钮"，单击"确定"按钮，新建按钮元件"按钮"，如图 15-55 所示。舞台窗口也随之转换为按钮元件的舞台窗口。

（11）选择"窗口 > 颜色"命令，弹出"颜色"面板，选择"填充颜色"按钮 ，在"颜色类型"选项的下拉列表中选择"线性渐变"，在色带上将左边的颜色控制点设为红色（#F64D4D），将右边的颜色控制点设为深红色（#910505），生成渐变色，如图 15-56 所示。

（12）将"图层 1"重命名为"矩形"。选择"矩形"工具 ，选中工具箱下方的"对象绘制"按钮 ，在舞台窗口中绘制 1 个矩形，如图 15-57 所示。选择"颜料桶"工具 ，在矩形的内部单击鼠标，更改渐变颜色的过渡方向，效果如图 15-58 所示。

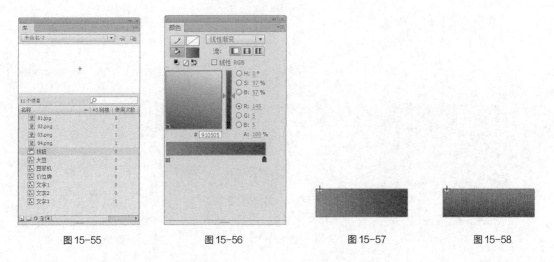

图 15-55   图 15-56   图 15-57   图 15-58

（13）选中"矩形"图层的"指针经过"帧，按 F5 键，插入普通帧，如图 15-59 所示。在"时间轴"面板中创建新图层并将其命名为"文字"，如图 15-60 所示。

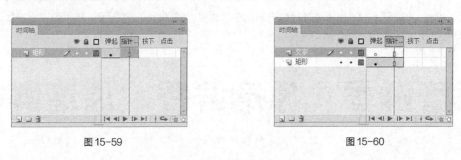

图 15-59   图 15-60

（14）选择"文本"工具 T，在文本工具"属性"面板中进行设置，在舞台窗口中适当的位置输入大小为 18、字体为"微软雅黑"的白色文字，文字效果如图 15-61 所示。选中"文字"图层的"指针经过"帧，按 F6 键，插入关键帧，如图 15-62 所示。

（15）选择"选择"工具 ▶，在舞台窗口中选中文字，如图 15-63 所示。在工具箱中将"填充颜色"选项设为黄色（#FFCC00），效果如图 15-64 所示。

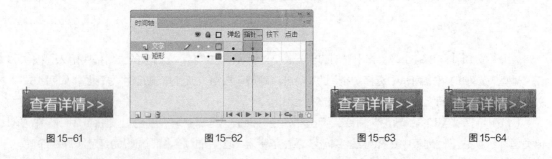

图 15-61   图 15-62   图 15-63   图 15-64

2. 制作动画 1

（1）单击舞台窗口左上方的"场景 1"图标 场景 1，进入"场景 1"的舞台窗口。将"图层 1"重命名为"底图"，如图 15-65 所示。将"库"面板中的位图"01"拖曳到舞台窗口中，如图 15-66 所示。选中"底图"图层的第 95 帧，按 F5 键，插入普通帧，如图 15-67 所示。

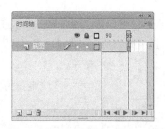

图 15-65　　　　　　　　　　　　　图 15-66　　　　　　　　　　　　　图 15-67

（2）在"时间轴"面板中创建新图层并将其命名为"豆浆机"。将"库"面板中的图形元件"豆浆机"拖曳到舞台窗口中，并放置在适当的位置，如图 15-68 所示。

（3）选中"豆浆机"图层的第 25 帧，按 F6 键，插入关键帧。选中"豆浆机"图层的第 1 帧，在舞台窗口中选中"豆浆机"实例，在图形"属性"面板中选择"色彩效果"选项组，在"样式"选项的下拉列表中选择"Alpha"，将其值设为 0%，效果如图 15-69 所示。

（4）用鼠标右键单击"豆浆机"图层的第 1 帧，在弹出的快捷菜单中选择"创建传统补间"命令，生成传统补间动画。

图 15-68　　　　　　　　　　　　　　　　　　　　图 15-69

（5）在"时间轴"面板中创建新图层并将其命名为"价位牌"。选中"价位牌"图层的第 25 帧，按 F6 键，插入关键帧。将"库"面板中的图形元件"价位牌"拖曳到舞台窗口中，并放置在适当的位置，如图 15-70 所示。

（6）选中"价位牌"图层的第 50 帧，按 F6 键，插入关键帧。选中"价位牌"图层的第 25 帧，在舞台窗口中将"价位牌"实例垂直向下拖曳到适当的位置，如图 15-71 所示。在图形"属性"面板中选择"色彩效果"选项组，在"样式"选项的下拉列表中选择"Alpha"，将其值设为 0%。

（7）用鼠标右键单击"价位牌"图层的第 25 帧，在弹出的快捷菜单中选择"创建传统补间"命令，生成传统补间动画。

图 15-70　　　　　　　　　　　　　　　　　　图 15-71

（8）在"时间轴"面板中创建新图层并将其命名为"大豆"。选中"大豆"图层的第50帧，按F6键，插入关键帧。将"库"面板中的图形元件"大豆"拖曳到舞台窗口中，并放置在适当的位置，如图15-72所示。

（9）选中"大豆"图层的第65帧，按F6键，插入关键帧。选中"大豆"图层的第50帧，在舞台窗口中选中"大豆"实例，在图形"属性"面板中选择"色彩效果"选项组，在"样式"选项的下拉列表中选择"Alpha"，将其值设为0%，效果如图15-73所示。

（10）用鼠标右键单击"大豆"图层的第50帧，在弹出的快捷菜单中选择"创建传统补间"命令，生成传统补间动画。

图15-72 图15-73

3. 制作动画2

（1）在"时间轴"面板中创建新图层并将其命名为"文字1"。选中"文字1"图层的第50帧，按F6键，插入关键帧。将"库"面板中的图形元件"文字1"拖曳到舞台窗口中，并放置在适当的位置，如图15-74所示。

（2）选中"文字1"图层的第65帧，按F6键，插入关键帧。选中"文字1"图层的第50帧，在舞台窗口中将"文字1"实例水平向左拖曳到适当的位置，如图15-75所示。用鼠标右键单击"文字1"图层的第50帧，在弹出的快捷菜单中选择"创建传统补间"命令，生成传统补间动画。

图15-74 图15-75

（3）在"时间轴"面板中创建新图层并将其命名为"文字2"。选中"文字2"图层的第60帧，按F6键，插入关键帧。将"库"面板中的图形元件"文字2"拖曳到舞台窗口中，并放置在适当的位置，如图15-76所示。

（4）选中"文字2"图层的第75帧，按F6键，插入关键帧。选中"文字2"图层的第60帧，在舞台窗口中将"文字2"实例水平向左拖曳到适当的位置，如图15-77所示。用鼠标右键单击"文字2"图层的第60帧，在弹出的快捷菜单中选择"创建传统补间"命令，生成传统补间动画。

图 15-76

图 15-77

（5）在"时间轴"面板中创建新图层并将其命名为"文字3"。选中"文字3"图层的第70帧，按F6键，插入关键帧。将"库"面板中的图形元件"文字3"拖曳到舞台窗口中，并放置在适当的位置，如图15-78所示。

（6）选中"文字3"图层的第85帧，按F6键，插入关键帧。选中"文字3"图层的第70帧，在舞台窗口中将"文字3"实例水平向左拖曳到适当的位置，如图15-79所示。用鼠标右键单击"文字3"图层的第70帧，在弹出的快捷菜单中选择"创建传统补间"命令，生成传统补间动画。

图 15-78

图 15-79

（7）在"时间轴"面板中创建新图层并将其命名为"按钮"。选中"按钮"图层的第80帧，按F6键，插入关键帧。将"库"面板中的按钮元件"按钮"拖曳到舞台窗口中，并放置在适当的位置，如图15-80所示。

（8）选中"按钮"图层的第95帧，按F6键，插入关键帧。选中"按钮"图层的第80帧，在舞台窗口中将"按钮"实例水平向左拖曳到适当的位置，如图15-81所示。用鼠标右键单击"按钮"图层的第80帧，在弹出的快捷菜单中选择"创建传统补间"命令，生成传统补间动画。

图 15-80

图 15-81

（9）在"时间轴"面板中创建新图层并将其命名为"动作脚本"。选中"动作脚本"图层的第 95 帧，按 F6 键，插入关键帧。选择"窗口 > 动作"命令，弹出"动作"面板，在"动作"面板中设置脚本语言，"脚本窗口"中显示的效果如图 15-82 所示。设置好动作脚本后，关闭"动作"面板。在"动作脚本"图层的第 95 帧上显示出一个标记"a"，如图 15-83 所示。豆浆机广告制作完成，按 Ctrl+Enter 组合键即可查看效果。

图 15-82

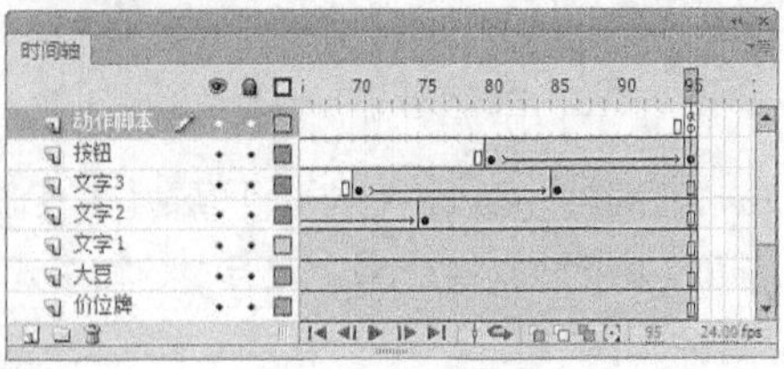

图 15-83

15.4 制作女装广告

15.4.1 案例分析

潮流服饰店一直深受时尚的女孩们的喜爱。服饰店要为初春新款制作网页焦点广告，要求典雅时尚，体现店铺的特点。

在设计制作过程中，使用色彩鲜明、对比强烈的颜色块作为背景，突出时尚感，以服饰相关图片为主体图片，醒目突出，文字运用简洁直观，宣传性强，整体设计大气简约，色彩淡雅，给人活泼清雅的感觉。

本例将使用"导入"命令，导入素材文件；使用"创建元件"命令，将导入的素材制作成图形元件；使用"文字"工具，输入广告语文本；使用"分离"命令，将输入的文字进行打散处理；使用"创建传统补间"命令，制作补间动画效果；使用"动作脚本"命令，添加动作脚本。

15.4.2 案例设计

本案例的效果如图 15-84 所示。

图 15-84

15.4.3 案例制作

1. 导入素材制作图形元件

（1）选择"文件 > 新建"命令，弹出"新建文档"对话框，在"常规"选项卡中选择"ActionScript 3.0"选项，将"宽度"选项设为 1000，"高度"选项设为 339，单击"确定"按钮，完成文档的创建。

（2）选择"文件 > 导入 > 导入到库"命令，在弹出的"导入到库"对话框中，选择云盘中的"Ch15 > 制作女装广告 > 01～04"文件，单击"打开"按钮，文件被导入到"库"面板中，如图 15-85 所示。

扫码观看
本案例视频

（3）按 Ctrl+F8 组合键，弹出"创建新元件"对话框，在"名称"选项的文本框中输入"人物 1"，在"类型"选项的下拉列表中选择"图形"，单击"确定"按钮，新建图形元件"人物 1"，如图 15-86 所示。舞台窗口也随之转换为图形元件的舞台窗口。将"库"面板中的位图"02"拖曳到舞台窗口中，如图 15-87 所示。

（4）用上述的方法将"库"面板中的位图"03""04"文件，分别制作成图形元件"人物 2"和"日期"，"库"面板如图 15-88 所示。

图 15-85

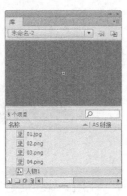

图 15-86

图 15-87

图 15-88

（5）在"库"面板中新建 1 个图形元件"文字"，如图 15-89 所示。舞台窗口也随之转换为图形元件的舞台窗口。选择"文本"工具 T，在文本工具"属性"面板中进行设置，在舞台窗口中适当的位置输入大小为 12、字体为"方正兰亭中黑简体"的白色文字，文字效果如图 15-90 所示。

图 15-89

图 15-90

（6）选中图 15-91 所示的文字，在"属性"面板中，将"大小"选项设为 16，按 Enter 键，确认操作，效果如图 15-92 所示。

图 15-91　　　　　　　　　　　　　　　　　　图 15-92

（7）在"库"面板中新建 1 个图形元件"矩形"，舞台窗口也随之转换为图形元件的舞台窗口。选择"矩形"工具，在工具箱中将"填充颜色"设为深蓝色（#035E97），"笔触颜色"设为无，选中工具箱下方的"对象绘制"按钮，在舞台窗口中绘制 1 个矩形。

（8）保持矩形的选取状态，在绘制对象"属性"面板中，将"宽"选项设为 194，"高"选项设为 25，"X"选项和"Y"选项均设为 0，如图 15-93 所示。效果如图 15-94 所示。

图 15-93　　　　　　　　　　　　　　　　　　图 15-94

2. 制作影片剪辑动画

（1）按 Ctrl+F8 组合键，弹出"创建新元件"对话框，在"名称"选项的文本框中输入"文字动"，在"类型"选项的下拉列表中选择"影片剪辑"，如图 15-95 所示。单击"确定"按钮，新建影片剪辑元件"文字动"，舞台窗口也随之转换为影片剪辑元件的舞台窗口。

（2）选择"文本"工具，在文本工具"属性"面板中进行设置，在舞台窗口中适当的位置输入大小为 12、字母间距为 10、字体为"方正兰亭中黑简体"的深蓝色（#035E97）文字，文字效果如图 15-96 所示。

扫码观看
本案例视频

图 15-95　　　　　　　　　　　　　　　　　　图 15-96

（3）选择"选择"工具，在舞台窗口中选中文字，如图 15-97 所示。按 Ctrl+B 组合键，将选中的文字打散，效果如图 15-98 所示。

图 15-97

图 15-98

（4）选择"选择"工具 ，选中图 15-99 所示的文字，按 F8 键，在弹出的"转换为元件"对话框中进行设置，如图 15-100 所示。单击"确定"按钮，将所选文字转为图形元件。用相同的方法将其他英文字母转换为图形元件。

图 15-99

图 15-100

（5）按 Ctrl+A 组合键，将舞台窗口中的实例全部选中，如图 15-101 所示。选择"修改 > 时间轴 > 分散到图层"命令，将选中的实例分散到独立层，如图 15-102 所示。

图 15-101

图 15-102

（6）在"时间轴"面板中将"图层 1"删除，如图 15-103 所示。选中所有图层的第 10 帧，按 F6 键，插入关键帧，如图 15-104 所示。

图 15-103

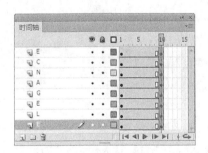

图 15-104

（7）选中"E"图层的第 1 帧，在舞台窗口中选中所有实例，在"属性"面板中，将"Y"选项设为-112，如图 15-105 所示。效果如图 15-106 所示。用鼠标右键单击所有图层的第 1 帧，在弹出的快捷菜单中选择"创建传统补间"命令，生成传统补间动画。

（8）单击"L"图层的图层名称，选中该层中的所有帧，将所有帧向后拖曳至与"E"图层隔 2 帧的位置，如图 15-107 所示。用相同的方法依次对其他图层进行操作，如图 15-108 所示。

图 15-105

图 15-106

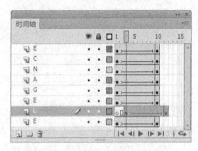

图 15-107

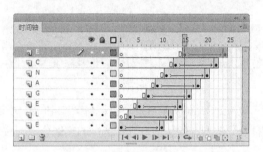

图 15-108

（9）选中所有图层的第 25 帧，按 F5 键，插入普通帧，如图 15-109 所示。在"时间轴"中创建新图层并将其命名为"动作脚本"。选中"动作脚本"图层的第 25 帧，按 F6 键，插入关键帧。选择"窗口 > 动作"命令，弹出"动作"面板，在"动作"面板中设置脚本语言，"脚本窗口"中显示的效果如图 15-110 所示。设置好动作脚本后，关闭"动作"面板。在"动作脚本"图层的第 25 帧上显示出一个标记"a"，如图 15-111 所示。

图 15-109

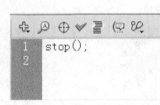

图 15-110

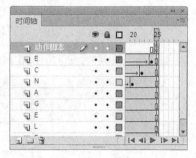

图 15-111

3. 制作文字动画

（1）单击舞台窗口左上方的"场景 1"图标 场景1，进入"场景 1"的舞台窗口。将"图层 1"重命名为"底图"。将"库"面板中的位图"01"拖曳到舞台窗口中，如图 15-112 所示。选中"底图"图层的第 65 帧，按 F5 键，插入普通帧，如图 15-113 所示。

（2）在"时间轴"面板中创建新图层并将其命名为"英文"。将"库"面板中的影片剪辑元件"文字动"拖曳到舞台窗口中，并放置在适当的位置，如图 15-114 所示。

扫码观看
本案例视频

图 15-112

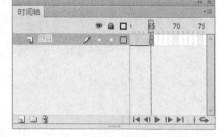

图 15-113

（3）在"时间轴"面板中创建新图层并将其命名为"矩形"。将"库"面板中的图像元件"矩形"拖曳到舞台窗口中，并放置在适当的位置，如图 15-115 所示。

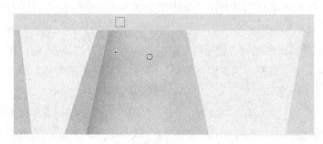

图 15-114

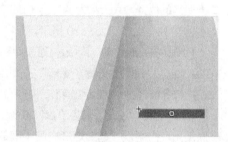

图 15-115

（4）选中"矩形"图层的第 10 帧，按 F6 键，插入关键帧。选中"矩形"图层的第 1 帧，在舞台窗口中将"矩形"实例垂直向下拖曳到适当的位置，如图 15-116 所示。在图形"属性"面板中选择"色彩效果"选项组，在"样式"选项的下拉列表中选择"Alpha"，将其值设为 0%，效果如图 15-117所示。

图 15-116

图 15-117

（5）用鼠标右键单击"矩形"图层的第 1 帧，在弹出的快捷菜单中选择"创建传统补间"命令，生成传统补间动画。

（6）在"时间轴"面板中创建新图层并将其命名为"文字"。选中"文字"图层的第 10 帧，按 F6 键，插入关键帧。将"库"面板中的图形元件"文字"拖曳到舞台窗口中，并放置在适当的位置，如图 15-118 所示。

（7）选中"文字"图层的第 20 帧，按 F6 键，插入关键帧。选中"文字"图层的第 10 帧，在舞台窗口中选中"文字"实例，在图形"属性"面板中选择"色彩效果"选项组，在"样式"选项的下拉列表中选择"Alpha"，将其值设为 0%，效果如图 15-119 所示。

图 15-118　　　　　　　　　　　　　　　　　图 15-119

（8）用鼠标右键单击"文字"图层的第 10 帧，在弹出的快捷菜单中选择"创建传统补间"命令，生成传统补间动画。

（9）在"时间轴"面板中创建新图层并将其命名为"初春上新"。选中"初春上新"图层的第 25 帧，按 F6 键，插入关键帧。选择"文本"工具 T，在文本工具"属性"面板中进行设置，在舞台窗口中适当的位置输入大小为 45、字母间距为 10、字体为"方正兰亭中黑简体"的深蓝色（#035E97）文字，文字效果如图 15-120 所示。

（10）在"时间轴"面板中创建新图层并将其命名为"遮罩"。选中"遮罩"图层的第 25 帧，按 F6 键，插入关键帧。选择"矩形"工具 □，在工具箱中将"填充颜色"设为白色，"笔触颜色"设为无，在舞台窗口中绘制 1 个矩形，如图 15-121 所示。

（11）选中"遮罩"图层的第 35 帧，按 F6 键，插入关键帧。选择"任意变形"工具 ▦，在矩形周围出现控制点，选中矩形右侧中间的控制点向右拖曳到适当的位置，改变矩形的宽度，效果如图 15-122 所示。

图 15-120　　　　　　　　图 15-121　　　　　　　　图 15-122

（12）用鼠标右键单击"遮罩"图层的第 25 帧，在弹出的快捷菜单中选择"创建补间形状"命令，生成形状补间动画，如图 15-123 所示。在"遮罩"图层上单击鼠标右键，在弹出的快捷菜单中选择"遮罩层"命令，将图层"遮罩"图层设置为遮罩的层，图层"初春上新"为被遮罩的层，如图 15-124 所示。

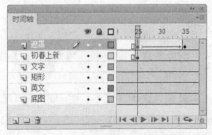

图 15-123　　　　　　　　　　　　　　　　　图 15-124

（13）在"时间轴"面板中创建新图层并将其命名为"日期"。选中"日期"图层的第 25 帧，按 F6 键，插入关键帧。将"库"面板中的图形元件"日期"拖曳到舞台窗口中，并放置在适当的位置，如图 15-125 所示。

（14）选中"日期"图层的第 35 帧，按 F6 键，插入关键帧。选中"日期"图层的第 25 帧，在舞台窗口中选中"日期"实例，在图形"属性"面板中选择"色彩效果"选项组，在"样式"选项的下拉列表中选择"Alpha"，将其值设为 0%，效果如图 15-126 所示。

（15）用鼠标右键单击"日期"图层的第 25 帧，在弹出的快捷菜单中选择"创建传统补间"命令，生成传统补间动画，如图 15-127 所示。

图 15-125   图 15-126   图 15-127

4. 制作人物动画

（1）在"时间轴"面板中创建新图层并将其命名为"人物 1"。选中"人物 1"图层的第 40 帧，按 F6 键，插入关键帧。将"库"面板中的图形元件"人物 1"拖曳到舞台窗口中，并放置在适当的位置，如图 15-128 所示。

（2）选中"人物 1"图层的第 50 帧，按 F6 键，插入关键帧。选中"人物 1"图层的第 40 帧，在舞台窗口中将"人物 1"实例垂直向下拖曳到适当的位置，如图 15-129 所示。在图形"属性"面板中选择"色彩效果"选项组，在"样式"选项的下拉列表中选择"Alpha"，将其值设为 0%，效果如图 15-130 所示。

扫码观看
本案例视频

（3）用鼠标右键单击"人物 1"图层的第 40 帧，在弹出的快捷菜单中选择"创建传统补间"命令，生成传统补间动画。

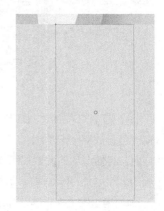

图 15-128   图 15-129   图 15-130

（4）在"时间轴"面板中创建新图层并将其命名为"人物 2"。选中"人物 2"图层的第 40 帧，按 F6 键，插入关键帧。将"库"面板中的图形元件"人物 2"拖曳到舞台窗口中，并放置在适当的位置，如图 15-131 所示。

（5）选中"人物 2"图层的第 50 帧，按 F6 键，插入关键帧。选中"人物 2"图层的第 40 帧，在舞台窗口中将"人物 2"实例垂直向上拖曳到适当的位置，如图 15-132 所示。在图形"属性"面板中选择"色彩效果"选项组，在"样式"选项的下拉列表中选择"Alpha"，将其值设为 0%，效果如图 15-133 所示。

图 15-131　　　　　　　　　　图 15-132　　　　　　　　　　图 15-133

（6）用鼠标右键单击"人物 2"图层的第 40 帧，在弹出的快捷菜单中选择"创建传统补间"命令，生成传统补间动画。

（7）在"时间轴"面板中选中"人物 1"图层的第 55 帧至第 63 帧，如图 15-134 所示。按 F6 键，插入关键帧，如图 15-135 所示。

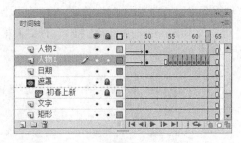

图 15-134　　　　　　　　　　　　　　　　图 15-135

（8）选中"人物 1"图层的第 56 帧，在舞台窗口选中"人物 1"实例，在图形"属性"面板中选择"色彩效果"选项组，在"样式"选项的下拉列表中选择"色调"，在右侧的颜色框中将颜色设为白色，其他选项的设置如图 15-136 所示，效果如图 15-137 所示。用相同的方法设置"人物 1"图层的第 58 帧、第 60 帧、第 62 帧。

（9）用步骤 6～步骤 7 的方法设置"人物 2"图层的第 55 帧至第 63 帧，"时间轴"面板如图 15-138 所示。

图 15-136

图 15-137

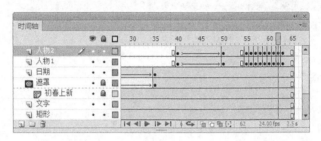

图 15-138

（10）在"时间轴"面板中创建新图层并将其命名为"动作脚本"。选中"动作脚本"图层的第
65 帧，按 F6 键，插入关键帧，如图 15-139 所示。选择"窗口 > 动作"命令，弹出"动作"面板，
在"动作"面板中设置脚本语言，"脚本窗口"中显示的效果如图 15-140 所示。设置好动作脚本后，
关闭"动作"面板。在"动作脚本"图层的第 65 帧上显示出一个标记"a"，如图 15-141 所示。女
装广告制作完成，按 Ctrl+Enter 组合键即可查看效果。

图 15-139

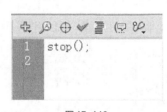

图 15-140

图 15-141

课堂练习——制作滑雪网站广告

🔗 练习知识要点

　　使用"导入"命令，导入素材文件；使用"矩形"工具和"文本"工具，制作按钮元件；使用"分
散到图层"命令和"创建传统补间"命令，制作导航条动画；使用"动作脚本"命令，添加动作脚本。

完成效果如图 15-142 所示。

图 15-142

效果所在位置

云盘/Ch15/效果/制作滑雪网站广告.fla。

课后习题——制作瑜伽中心广告

习题知识要点

使用"椭圆"工具和"颜色"面板，制作按钮图形；使用"文本"工具，输入介绍文本；使用"动作"面板，添加脚本语言。完成效果如图 15-143 所示。

图 15-143

效果所在位置

云盘/Ch15/效果/制作瑜伽中心广告.fla。

16

第 16 章
网页设计

应用 Flash 技术设计制作的网页打破了以往网页静止、呆板的表现形式，将网页与动画、音效相结合，变得丰富多彩，并增强了交互体验。本章以多个主题的网页为例，讲解使用 Flash CS6 制作网页的设计构思和制作方法，读者通过学习需要掌握网页设计的要领和技巧，从而制作出不同风格的网页作品。

课堂学习目标

- ✓ 了解网页的概念
- ✓ 了解网页的特点
- ✓ 了解网页的表现手法
- ✓ 掌握网页的设计思路和流程
- ✓ 掌握网页的制作方法和技巧

16.1　网页设计概述

　　网页设计是一种建立在媒体之上的新型设计。网页媒体具有很强的视觉效果、互动性、可操作性，以及受众面广等其他媒体所不具有的特点，是区别于报刊、影视的一个新媒体，它既拥有传统媒体的优点，又使传播变得更为直接、省力和有效。一个成功的网页设计，首先在观念上要确立动态的思维方式。其次，要有效地将图形引入网页设计，增加人们浏览网页的兴趣。在崇尚鲜明个性风格的今天，网页设计应增加个性化因素。网页设计区别于网页制作，它是将策划案例中的内容、网站的主题模式，结合设计者的认识，通过艺术的手法表现出来的过程。设计好的网页如图 16-1 所示。

图 16-1

16.2　制作数码产品网页

16.2.1　案例分析

　　数码产品网页为用户提供各种数码产品的相关资讯，包括首页、精品专区、促销专区、产品展示、在线订单等内容。在设计数码产品网页时要注意页面美观，布局搭配合理，从而利于用户对数码产品进行浏览和交易。

　　在设计制作过程中，先对界面进行合理的布局，将导航栏放在上面区域，这样有利于用户浏览。将产品的介绍、展示放在中间位置，符合用户的阅读习惯。将界面设计为令人轻松愉悦的绿色条纹，起到衬托的作用，突出前方的宣传主体。通过图形和文字动画的互动，体现出数码产品的时尚性。

　　本例将使用"矩形"工具和"颜色"面板，制作绿色条图形；使用"创建传统补间"命令，制作目录动画效果；使用"文本"工具，输入导航文字。

16.2.2　案例设计

　　本案例的效果如图 16-2 所示。

图 16-2

16.2.3 案例制作

1. 导入素材制作绿色条动画

（1）选择"文件 > 新建"命令，弹出"新建文档"对话框，在"常规"选项卡中选择"ActionScript 3.0"选项，将"宽度"选项设为 650，"高度"选项设为 400，"背景颜色"选项设为黑色，单击"确定"按钮，完成文档的创建。

（2）选择"文件 > 导入 > 导入到库"命令，在弹出的"导入到库"对话框中，选择云盘中的"Ch16 > 素材 > 制作数码产品网页 > 01~06"文件，单击"打开"按钮，文件被导入到"库"面板中，如图 16-3 所示。

（3）在"库"面板下方单击"新建元件"按钮，弹出"创建新元件"对话框，在"名称"选项的文本框中输入"绿色条"，在"类型"选项的下拉列表中选择"图形"选项，单击"确定"按钮，新建图形元件"绿色条"，如图 16-4 所示，舞台窗口也随之转换为图形元件的舞台窗口。

（4）选择"矩形"工具，在工具箱中将"笔触颜色"设为无，"填充颜色"设为浅绿色（#B2CCA7），在舞台窗口中绘制 1 个矩形。选中矩形，调出形状"属性"面板，将"宽度"和"高度"选项分别设为 42、400，舞台窗口中的效果如图 16-5 所示。

图 16-3

图 16-4

图 16-5

（5）在"库"面板中新建一个影片剪辑元件"绿色条动 1"，舞台窗口也随之转换为影片剪辑元件的舞台窗口。将"库"面板中的图形元件"绿色条"拖曳到舞台窗口中，效果如图 16-6 所示。

（6）分别选中"图层 1"的第 101 帧、第 200 帧，按 F6 键，插入关键帧。选中"图层 1"的第 101 帧，在舞台窗口中将"绿色条"实例水平向左拖曳到合适的位置，效果如图 16-7 所示。

（7）分别用鼠标右键单击"图层 1"的第 1 帧、第 101 帧，在弹出的快捷菜单中选择"创建传统补间"命令，生成传统补间动画，如图 16-8 所示。

（8）用步骤 5～步骤 7 的方法制作影片剪辑元件"绿色条动 2"，"绿色条"实例的运动方向与"绿色条动 1"中的"绿色条"实例运动方向相反。

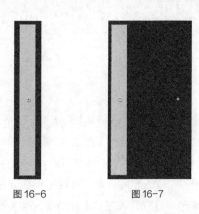

图 16-6　　　　图 16-7

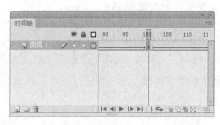

图 16-8

2．制作照相机自动切换效果

（1）在"库"面板中新建一个影片剪辑元件"相机切换"，舞台窗口也随之转换为影片剪辑元件的舞台窗口。将"库"面板中的位图"04"拖曳到舞台窗口中，在位图"属性"面板中，将"X"选项和"Y"选项均设为 0，效果如图 16-9 所示。选中"图层 1"的第 20 帧，按 F7 键，插入空白关键帧。

（2）将"库"面板中的位图"05"拖曳到舞台窗口中，在位图"属性"面板中，将"X"选项和"Y"选项均设为 0，效果如图 16-10 所示。选中"图层 1"的第 40 帧，按 F7 键，插入空白关键帧。将"库"面板中的位图"06"拖曳到舞台窗口中，在位图"属性"面板中，将"X"选项和"Y"选项均设为 0，效果如图 16-11 所示。选中"图层 1"的第 60 帧，按 F5 键，插入普通帧。

图 16-9　　　　　　　图 16-10　　　　　　　图 16-11

3．制作型号图形元件

（1）在"库"面板中新建一个图形元件"型号 1"，舞台窗口也随之转换为图形元件的舞台窗口。

选择"文本"工具 T，在文本工具"属性"面板中进行设置，在舞台窗口中适当的位置输入大小为 12，字体为"Athenian"的草绿色（#587F1A）文字，文字效果如图 16-12 所示。

（2）在"库"面板中新建一个图形元件"型号 2"，舞台窗口也随之转换为图形元件的舞台窗口。在文本工具"属性"面板中进行设置，在舞台窗口中适当的位置输入大小为 12，字体为"Athenian"的草绿色（#587F1A）文字，文字效果如图 16-13 所示。

（3）在"库"面板中新建一个图形元件"型号 3"，舞台窗口也随之转换为图形元件的舞台窗口。用步骤 1 的设置在舞台窗口中输入需要的文字，"库"面板中的效果如图 16-14 所示。在"库"面板中新建一个图形元件"型号 4"，舞台窗口也随之转换为图形元件的舞台窗口。用步骤 1 的设置在舞台窗口中输入文字"C-468YE"。

图 16-14

图 16-12

图 16-13

4. 制作目录动画

（1）在"库"面板中新建一个影片剪辑元件"目录动"，舞台窗口也随之转换为影片剪辑元件的舞台窗口。将"图层 1"重命名为"型号 1"。将"库"面板中的图形元件"型号 1"拖曳到舞台窗口中，并放置在适当的位置，如图 16-15 所示。选中"型号 1"图层的第 85 帧，按 F5 键，插入普通帧。

（2）分别选中"型号 1"图层的第 40 帧、第 70 帧，按 F6 键，插入关键帧。选中"型号 1"图层的第 40 帧，在舞台窗口中将"型号 1"实例水平向右拖曳到适当的位置，如图 16-16 所示。选中"型号 1"图层的第 70 帧，在舞台窗口中将"型号 1"实例水平向右拖曳到适当的位置，如图 16-17 所示。

（3）分别用鼠标右键单击"型号 1"图层的第 1 帧、第 40 帧，在弹出的快捷菜单中选择"创建传统补间"命令，生成传统补间动画。

图 16-15   图 16-16   图 16-17

（4）在"时间轴"面板中创建新图层并将其命名为"型号2"。选中"型号2"图层的第10帧，按F6键，插入关键帧。将"库"面板中的图形元件"型号2"拖曳到舞台窗口中，并放置在适当的位置，如图16-18所示。

（5）分别选中"型号2"图层的第50帧、第75帧，按F6键，插入关键帧。选中"型号2"图层的第50帧，在舞台窗口中将"型号2"实例水平向右拖曳到适当的位置，如图16-19所示。

（6）选中"型号2"图层的第75帧，在舞台窗口中将"型号2"实例水平向右拖曳到适当的位置，如图16-20所示。分别用鼠标右键单击"型号2"图层的第10帧、第50帧，在弹出的快捷菜单中选择"创建传统补间"命令，生成传统补间动画。

图16-18　　　　　　　　　　　图16-19　　　　　　　　　　　图16-20

（7）在"时间轴"面板中创建新图层并将其命名为"型号3"。选中"型号3"图层的第20帧，按F6键，插入关键帧。将"库"面板中的图形元件"型号3"拖曳到舞台窗口中，并放置在适当的位置，如图16-21所示。

（8）分别选中"型号3"图层的第60帧、第80帧，按F6键，插入关键帧。选中"型号3"图层的第60帧，在舞台窗口中将"型号3"实例水平向右拖曳到适当的位置，如图16-22所示。

图16-21　　　　　　　　　　　　　　　图16-22

（9）选中"型号3"图层的第80帧，在舞台窗口中将"型号3"实例水平向右拖曳到适当的位置，如图16-23所示。分别用鼠标右键单击"型号3"图层的第20帧、第60帧，在弹出的快捷菜单中选择"创建传统补间"命令，生成传统补间动画。

（10）在"时间轴"面板中创建新图层并将其命名为"型号4"。选中"型号4"图层的第30帧，按F6键，插入关键帧。将"库"面板中的图形元件"型号4"拖曳到舞台窗口中，并放置在适当的位置，如图16-24所示。

图16-23　　　　　　　　　　　　　　　图16-24

（11）分别选中"型号4"图层的第70帧、第85帧，按F6键，插入关键帧。选中"型号4"图层的第70帧，在舞台窗口中将"型号4"实例水平向右拖曳到适当的位置，如图16-25所示。

（12）选中"型号4"图层的第85帧，在舞台窗口中将"型号4"实例水平向右拖曳到适当的位置，如图16-26所示。分别用鼠标右键单击"型号4"图层的第30帧、第70帧，在弹出的快捷菜单中选择"创建传统补间"命令，生成传统补间动画。

图16-25　　　　　　　　　　　　　　　图16-26

（13）在"时间轴"面板中创建新图层并将其命名为"动作脚本"。选中"动作脚本"图层的第
85帧，按F6键，插入关键帧，如图16-27所示。按F9键，弹出"动作"面板，在"动作"面板中
设置脚本语言，"脚本窗口"中显示的效果如图16-28所示。

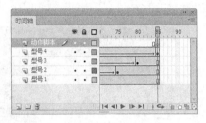

图16-27

图16-28

5. 制作动画效果

（1）单击舞台窗口左上方的"场景1"图标 ，进入"场景1"的舞台窗口。将"图层1"
重命名为"底图"。将"库"面板中的位图"01"拖曳到舞台窗口中，如图16-29所示。

（2）在"时间轴"面板中创建新图层并将其命名为"矩形条"。将"库"面板中的影片剪辑元件
"绿色条动1"向舞台窗口中拖曳3次，并分别放置在适当的位置，如图16-30所示。

图16-29

图16-30

（3）将"库"面板中的影片剪辑元件"绿色条动2"向舞台窗口中拖曳4次，并分别放置到适当
的位置，如图16-31所示。

（4）在"时间轴"面板中创建新图层并将其命名为"目录动"。将"库"面板中的影片剪辑元件
"目录动"拖曳到舞台窗口中，并分别放置在适当的位置，如图16-32所示。

图16-31

图16-32

（5）在"时间轴"面板中创建新图层并将其命名为"相机"。将"库"面板中的影片剪辑元件"相机切换"拖曳到舞台窗口中，并放置在适当的位置，如图 16-33 所示。

（6）在"时间轴"面板中创建新图层并将其命名为"图片"。分别将"库"面板中的位图"02""03"拖曳到舞台窗口中，并分别放置在适当的位置，如图 16-34 所示。

图 16-33

图 16-34

（7）在"时间轴"面板中创建新图层并将其命名为"绿色矩形"。选择"矩形"工具，在矩形工具"属性"面板中，将"笔触颜色"设为无，"填充颜色"设为绿色（#587F1A），在舞台窗口中绘制 1 个矩形，效果如图 16-35 所示。

（8）在"时间轴"面板中创建新图层并将其命名为"文字"。选择"文本"工具 T，在文本工具"属性"面板中进行设置，在舞台窗口中适当的位置输入大小为 12、字体为"方正兰亭黑简体"的白色文字，文字效果如图 16-36 所示。

图 16-35

图 16-36

（9）数码产品网页制作完成，按 Ctrl+Enter 组合键，即可查看效果，如图 16-37 所示。

图 16-37

16.3　制作化妆品网页

16.3.1　案例分析

化妆品网页主要是对化妆品的产品系列和功能特色进行生动的介绍,其中包括图片和详细的文字讲解。网页的设计上力求表现出化妆品的产品特性,营造出青春时尚的视觉感受。

在设计制作过程中,以蓝绿色为主基调,表现出轻盈舒适的氛围。界面以人物为背景,使界面的时尚感和设计感更强。丰富的搭配色彩与化妆品产品进行呼应,在设计理念上突出了产品的性能和特点。

本例将使用"导入"命令,导入素材文件;使用"矩形"工具,绘制文字介绍框和按钮图形;使用"文本"工具,输入需要的文字;使用"动作脚本"命令,添加动作脚本。

16.3.2　案例设计

本案例的效果如图 16-38 所示。

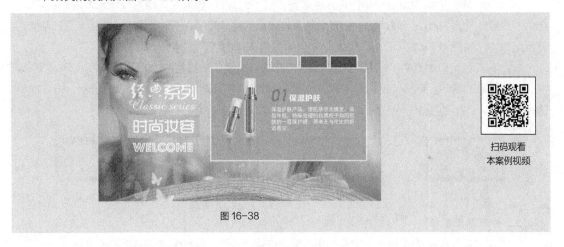

扫码观看
本案例视频

图 16-38

16.3.3　案例制作

1．绘制标签

(1)选择"文件 > 新建"命令,弹出"新建文档"对话框,在"常规"选项卡选择"ActionScript 2.0"选项,将"宽度"选项设为 650,"高度"选项设为 400,"背景颜色"选项设为黑色,单击"确定"按钮,完成文档的创建。

(2)选择"文件 > 导入 > 导入到库"命令,在弹出的"导入到库"对话框中,选择云盘中的"Ch16 > 制作化妆品网页 > 01～05"文件,单击"打开"按钮,文件被导入到"库"面板中,如图 16-39 所示。

(3)在"库"面板中新建 1 个图形元件"标签",如图 16-40 所示,舞台窗口也随之转换为图形元件的舞台窗口。选择"矩形"工具 ,在矩形工具"属性"面板中,将"笔触颜色"设为白色,"Alpha"选项设为 70%,"填充颜色"设为绿色(#4DC6AF),在舞台窗口中绘制 1 个矩形,效果如图 16-41

所示。选择"选择"工具 ，选中矩形下部的笔触，按 Delete 键删除，效果如图 16-42 所示。

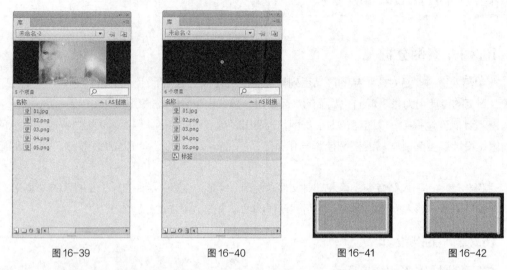

图 16-39   图 16-40   图 16-41   图 16-42

（4）在"库"面板中新建一个按钮元件"按钮"，舞台窗口也随之转换为按钮元件的舞台窗口。选中"图层 1"的"点击"帧，按 F6 键，插入关键帧。将"库"面板中的图形元件"标签"拖曳到舞台窗口中，如图 16-43 所示。

（5）在舞台窗口中选中"标签"实例，按 Ctrl+B 组合键，将其打散，如图 16-44 所示。按 ESC 键，取消对象的选择。选择"选择"工具 ，双击边线，将其选中，如图 16-45 所示，按 Delete 键将其删除，效果如图 16-46 所示。

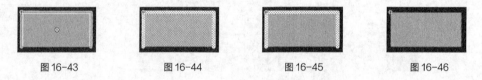

图 16-43   图 16-44   图 16-45   图 16-46

2．制作影片剪辑

（1）在"库"面板中新建一个影片剪辑元件"产品介绍"，舞台窗口也随之转换为影片剪辑元件的舞台窗口。将"图层 1"重命名为"彩色按钮"。将"库"面板中的图形元件"标签"向舞台窗口中拖曳 4 次，使各实例保持同一水平高度，效果如图 16-47 所示。

（2）选中左边数第 2 个"标签"实例，按 Ctrl+B 组合键，将其打散，在工具箱中将"填充颜色"设为黄色（#FF9446），舞台窗口中的效果如图 16-48 所示。

图 16-47   图 16-48

（3）用步骤 2 的方法对其他"标签"实例进行操作，将左数第 3 个"标签"的"填充颜色"设为紫色（#A81CA6），将左数第 4 个"标签"的"填充颜色"设为深红色（#9A033F），效果如图 16-49 所示。选中"彩色按钮"图层的第 4 帧，按 F5 键，插入普通帧，如图 16-50 所示。

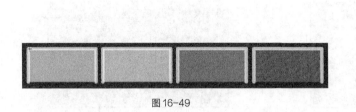

图 16-49

图 16-50

（4）在"时间轴"面板中创建新图层并将其命名为"彩色块"。选择"矩形"工具█，在矩形工具"属性"面板中，将"笔触颜色"设为白色，"Alpha"选项设为 70%，"填充颜色"设为绿色（#4DC6AF），在舞台窗口中绘制 1 个矩形，效果如图 16-51 所示。分别选中"彩色块"图层的第 2帧、第 3 帧、第 4 帧，按 F6 键，插入关键帧。

（5）选中"彩色块"图层的第 1 帧，选择"橡皮擦"工具█，在工具箱下方选中"擦除线条"按钮█，将矩形与第 1 个"标签"重合部分擦除，效果如图 16-52 所示。

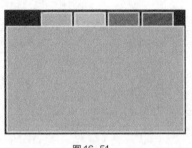

图 16-51

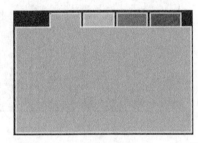

图 16-52

（6）选中"彩色块"图层的第 2 帧，在舞台窗口中选中矩形，将其"填充颜色"设成与左数第 2个"标签"颜色相同的颜色，如图 16-53 所示。选择"橡皮擦"工具█，在工具箱下方选中"擦除线条"按钮█，将矩形与第 1 个"标签"重合部分擦除，效果如图 16-54 所示。

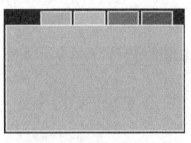

图 16-53

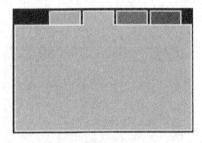

图 16-54

（7）用上述的方法分别对"彩色块"图层的第 3 帧、第 4 帧进行操作，将各帧对应舞台窗口中的矩形颜色设成与左数第 3 个、第 4 个"标签"颜色相同的颜色，并将各矩形与对应"标签"重合部分的线段删除，效果如图 16-55 和图 16-56 所示。

（8）在"时间轴"面板中创建新图层并将其命名为"按钮"。将"库"面板中的按钮元件"按钮"向舞台窗口中拖曳 4 次，分别与各彩色"标签"重合，效果如图 16-57 所示。

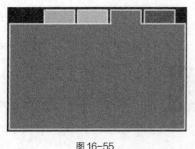

图 16-55

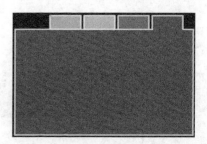

图 16-56

（9）选中左数第 1 个按钮，选择"窗口 > 动作"命令，弹出"动作"面板，在动作面板中设置脚本语言（脚本语言的具体设置可以参考附带云盘中的实例原文件），"脚本窗口"中显示的效果如图 16-58 所示。用相同的方法对其他"按钮"设置脚本语言，只需将脚本语言"gotoAndStop"后面括号中的数字改成相应的帧数即可。

图 16-57

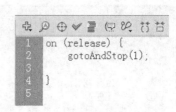

图 16-58

（10）在"时间轴"面板中创建新图层并将其命名为"产品介绍"。分别选中"产品介绍"图层的第 2 帧、第 3 帧、第 4 帧，按 F6 键，插入关键帧。选中"产品介绍"图层的第 1 帧，将"库"面板中的位图"02"拖曳到舞台窗口中，并放置在适当的位置，如图 16-59 所示。

（11）选择"文本"工具 T，在文本工具"属性"面板中进行设置，在舞台窗口中适当的位置输入大小为 36、字体为"ITC Avant Garde Gothic Demi"的红色（#D54261）文字，文字效果如图 16-60 所示。

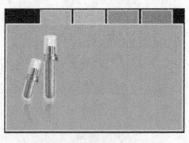

图 16-59

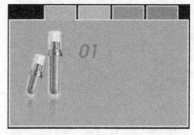

图 16-60

（12）在文本工具"属性"面板中进行设置，在舞台窗口中适当的位置输入大小为 18、字体为"方正兰亭粗黑简体"的白色文字，文字效果如图 16-61 所示。再次在舞台窗口中输入大小为 12、字体为"黑体"的白色文字，文字效果如图 16-62 所示。

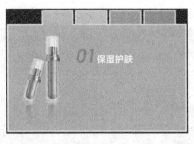

图 16-61

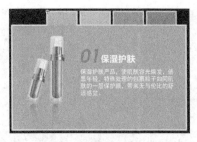

图 16-62

（13）用上述的方法分别在"产品介绍"图层的第 2 帧、第 3 帧和第 4 帧进行操作，效果分别如图 16-63、图 16-64 和图 16-65 所示。

（14）在"时间轴"面板中创建新图层并将其命名为"动作脚本"。选中"动作脚本"图层的第 1 帧，按 F9 键，弹出"动作"面板，在"动作"面板中设置脚本语言，"脚本窗口"中显示的效果如图 16-66 所示。

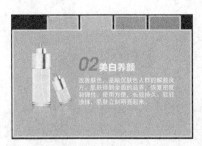

图 16-63

图 16-64

图 16-65

图 16-66

3. 输入文字

（1）单击舞台窗口左上方的"场景 1"图标 场景1，进入"场景 1"的舞台窗口。将"图层 1"重命名为"底图"。将"库"面板中的位图"01"拖曳到舞台窗口中，效果如图 16-67 所示。

（2）在"时间轴"面板中创建新图层并将其命名为"产品介绍"。将"库"面板中的影片剪辑元件"产品介绍"拖曳到舞台窗口中，并放置在适当的位置，如图 16-68 所示。

（3）在"时间轴"面板中创建新图层并将其命名为"文字"。选择"文本"工具 T，在文本工具"属性"面板中进行设置，在舞台窗口中适当的位置输入大小为 45、字体为"方正黄草简体"的白色文字，文字效果如图 16-69 所示。再次在舞台窗口中输入大小为 30、字体为"Classic Series"的白色英文，文字效果如图 16-70 所示。

图 16-67   图 16-68

（4）在舞台窗口中选择文字"系列"，如图 16-71 所示。在文本工具"属性"面板中，将"系列"选项设为"时尚中黑简体"，"大小"选项设为 40，效果如图 16-72 所示。

图 16-69   图 16-70   图 16-71   图 16-72

（5）选择"文本"工具 T，在文本工具"属性"面板中进行设置，在舞台窗口中适当的位置输入大小为 36、字体为"时尚中黑简体"的白色文字，文字效果如图 16-73 所示。再次在舞台窗口中输入大小为 25、字体为"WELCOME"的白色英文，文字效果如图 16-74 所示。

（6）在"时间轴"面板中创建新图层并将其命名为"矩形块"。选择"矩形"工具 ，在工具箱中将"笔触颜色"设为无，"填充颜色"设为肉色（#FF997A），在舞台窗口中绘制 1 个矩形，效果如图 16-75 所示。将"矩形块"图层拖曳到"文字"图层的下面，效果如图 16-76 所示。

图 16-73   图 16-74   图 16-75   图 16-76

（7）化妆品网页制作完成，按 Ctrl+Enter 组合键即可查看效果，如图 16-77 所示。用鼠标单击左数第 2 个按钮，会跳转到相应效果，如图 16-78 所示。

图 16-77

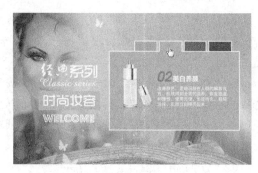

图 16-78

16.4 制作房地产网页

16.4.1 案例分析

房地产网页的功能是让用户便捷地浏览楼盘项目，了解楼盘新闻、建设、装饰等信息。除了界面要达到吸引用户眼球的效果之外，设计时还要注意房地产的行业特点和构成要素。页面的布局和动态交互要使客户更加容易地了解项目的特点和价值。

在设计制作过程中，先对界面进行合理的布局，将导航栏放在上面区域，有利于用户点击浏览。网页的背景使用楼房的图片，体现其品质，网页以黄色为主色调，与整个网页的搭配相得益彰。通过按钮图形和文字动画的互动，体现出房地产项目的科技感与创新感，整个网页能够让人眼前一亮。

本例将使用"矩形"工具和"文本"工具，绘制按钮效果；使用"文本"工具，添加说明文字；使用"动作"面板，设置脚本语言。

16.4.2 案例设计

本案例的效果如图 16-79 所示。

扫码观看
本案例视频

图 16-79

16.4.3 案例制作

1. 绘制按钮图形

（1）选择"文件 > 新建"命令，弹出"新建文档"对话框，在"常规"选项卡中选择"ActionScript 2.0"选项，将"宽度"选项设为650，"高度"选项设为400，"背景颜色"选项设为黑色，单击"确定"按钮，完成文档的创建。

（2）在"库"面板中新建一个按钮元件"按钮1"，舞台窗口也随之转换为按钮元件的舞台窗口。选择"矩形"工具，在矩形工具"属性"面板中，将"笔触颜色"设为白色，"填充颜色"设为黄色（#E1AF02），"笔触"选项设为2，其他选项的设置如图16-80所示，在舞台窗口中绘制1个圆角矩形，效果如图16-81所示。

（3）分别选中"图层1"的"指针经过"帧、"按下"帧，按F6键，插入关键帧。选中"指针经过"帧，选择"窗口 > 颜色"命令，弹出"颜色"面板，选择"填充颜色"选项，在"颜色类型"选项的下拉列表中选择"线性渐变"，在色带上将左边的颜色控制点设为白色，将右边的颜色控制点设为黄色（#E1AF02），生成渐变色，如图16-82所示。

（4）选择"颜料桶"工具，在矩形的内部从下向上拖曳，松开鼠标，填充渐变色，效果如图16-83所示。

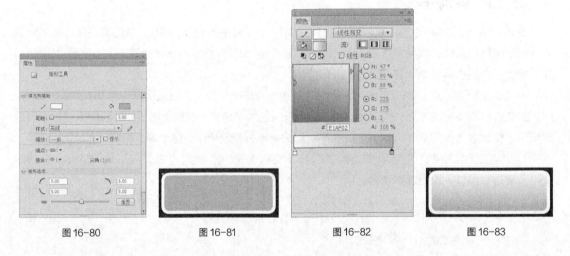

图16-80   图16-81   图16-82   图16-83

（5）单击"时间轴"面板下方的"新建图层"按钮，新建"图层2"。选择"文本"工具，在文本工具"属性"面板中进行设置，在舞台窗口中适当的位置输入大小为14、字体为"方正兰亭黑简体"的黑色文字，文字效果如图16-84所示。

（6）选中"图层2"的"指针经过"帧，按F6键，插入关键帧。选择"选择"工具，在舞台窗口中选中文字，在工具箱中将"填充颜色"设为红色（#FF0000），效果如图16-85所示。

图16-84

图16-85

（7）选中"图层 2"的"按下"帧，按 F6 键，插入关键帧。按 Ctrl+A 组合键，将舞台窗口中的对象全部选中，如图 16-86 所示。按 Ctrl+T 组合键，弹出"变形"面板，将"缩放宽度"选项和"缩放高度"选项均设为 86%，如图 16-87 所示。按 Enter 键，图形缩小。按 Esc 键取消选择，效果如图 16-88 所示。

图 16-86　　　　　　　　　　　　　图 16-87　　　　　　　　　　　　　图 16-88

（8）用上述的方法分别制作按钮元件"按钮 2""按钮 3"和"按钮 4"，如图 16-89、图 16-90 和图 16-91 所示。

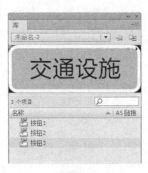

图 16-89　　　　　　　　　　　　　图 16-90　　　　　　　　　　　　　图 16-91

2. 制作动画效果

（1）单击舞台窗口左上方的"场景 1"图标 场景1，进入"场景 1"的舞台窗口。将"图层 1"重命名为"底图"，如图 16-92 所示。选择"文件 > 导入 > 导入到舞台"命令，在弹出的"导入"对话框中，选择云盘中的"Ch16 > 素材 > 制作房地产网页 > 01"文件，单击"打开"按钮，文件被导入到"库"面板中，如图 16-93 所示。选中"底图"图层的第 30 帧，按 F5 键，插入普通帧。

（2）在"时间轴"面板中创建新图层并将其命名为"矩形块"。选择"矩形"工具 ，在工具箱中将"笔触颜色"设为无，"填充颜色"设为白色，在舞台窗口中绘制 1 个与舞台大小相同的矩形，效果如图 16-94 所示。

图 16-92

图 16-93

图 16-94

（3）选中"矩形块"图层的第 20 帧，按 F6 键，插入关键帧。选中"矩形块"图层的第 1 帧，在舞台窗口中选中矩形，选择"窗口 > 颜色"命令，弹出"颜色"面板，选择"填充颜色"选项，"Alpha"选项设为 60%，如图 16-95 所示，其效果如图 16-96 所示。

图 16-95

图 16-96

（4）用鼠标右键单击"矩形块"图层的第 1 帧，在弹出的快捷菜单中选择"创建补间形状"命令，生成形状补间动画。

（5）在"时间轴"面板中创建新图层并将其命名为"黄色矩形"。选中"黄色矩形"图层的第 27 帧，按 F6 键，插入关键帧。在"颜色"面板中将"笔触颜色"设为白色，"填充颜色"设为黄色（#FFCB18），"Alpha"选项设为 60%，如图 16-97 所示。选择"矩形"工具，在矩形工具"属性"面板中，将"笔触"选项设为 2，在舞台窗口中绘制 1 个矩形，效果如图 16-98 所示。

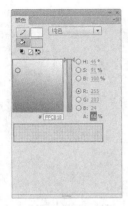

图 16-97

图 16-98

（6）在"时间轴"面板中创建新图层并将其命名为"按钮"。选中"按钮"图层的第 27 帧，按 F6 键，插入关键帧。分别将"库"面板中的按钮元件"按钮 1""按钮 2""按钮 3""按钮 4"拖曳到舞台窗口中，并放置在适当的位置，效果如图 16-99 所示。

（7）在舞台窗口中选中"按钮 1"实例，选择"窗口 > 动作"命令，弹出"动作"面板，在"动作"面板中设置脚本语言（脚本语言的具体设置可以参考附带云盘中的实例原文件），"脚本窗口"中显示的效果如图 16-100 所示。用相同的方法对其他"按钮"设置脚本语言，只需将脚本语言"gotoAndStop"后面括号中的数字改成相应的帧数即可。

图 16-99

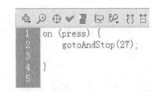

```
1  on (press) {
2      gotoAndStop(27);
3
4  }
5
```

图 16-100

（8）在"时间轴"面板中创建新图层并将其命名为"文字"。分别选中"文字"图层的第 27 帧、第 28 帧、第 29 帧、第 30 帧，按 F6 键，插入关键帧。选中"文字"图层的第 27 帧，选择"文本"工具 T，在文本工具"属性"面板中进行设置，在舞台窗口中适当的位置输入大小为 12、字体为"方正兰亭黑简体"的黑色文字，文字效果如图 16-101 所示。

（9）选中"文字"图层的第 28 帧，在文本工具"属性"面板中进行设置，在舞台窗口中适当的位置输入大小为 12、字体为"方正兰亭黑简体"的黑色文字，文字效果如图 16-102 所示。用相同的方法在"文字"图层的第 27 帧、第 28 帧中输入需要的文字。

（10）在"时间轴"面板中创建新图层并将其命名为"动作脚本"，选中"动作脚本"图层的第 27 帧，按 F6 键，插入关键帧。按 F9 键，弹出"动作"面板，在"动作"面板中设置脚本语言，"脚本窗口"中显示的效果如图 16-103 所示。房地产网页制作完成，按 Ctrl+Enter 组合键即可查看效果，如图 16-104 所示。

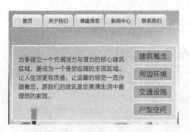

图 16-101

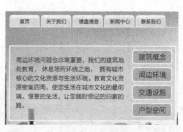

图 16-102

图 16-103

图 16-104

课堂练习——制作美发网页

练习知识要点

　　使用"矩形"工具，制作按钮效果；使用"属性"面板，为实例命名；使用"动作"面板，设置语言脚本。完成效果如图 16-105 所示。

图 16-105

扫码观看
本案例视频

效果所在位置

　　云盘/Ch16/效果/制作美发网页.fla。

课后习题——制作购物网页

习题知识要点

使用"导入"命令，导入素材并制作图形元件；使用"文本"工具和"创建元件"命令，制作按钮元件；使用"创建传统补间"命令，制作补间动画效果；使用"遮罩"命令，制作文字动画效果；使用"属性"面板，设置实例的不透明度及动画的旋转角度；使用"变形"面板，改变实例的角度。完成效果如图 16-106 所示。

图 16-106

扫码观看本案例视频　扫码观看本案例视频　扫码观看本案例视频　扫码观看本案例视频　扫码观看本案例视频

效果所在位置

云盘/Ch16/效果/制作购物网页.fla。

17

第 17 章
节目包装及游戏设计

当前，Flash 动画在节目片头、影视剧片头、游戏片头以及音乐制作上的应用越来越广泛。节目包装体现了节目的风格和档次，它的质量将直接影响整个节目的效果。现今网络已经成为大众休闲娱乐的一种重要途径，各种网络游戏更是受到网友的喜爱。本章讲解多个节目包装和 Flash 游戏的制作过程，读者通过学习要掌握节目包装和网络游戏的设计思路和制作技巧，从而制作出更多精彩的节目包装和网络游戏。

课堂学习目标

- ✔ 了解节目包装的作用
- ✔ 了解 Flash 游戏的优点和特色
- ✔ 掌握节目包装的设计思路
- ✔ 掌握节目包装的制作方法和技巧
- ✔ 掌握 Flash 游戏的设计思路
- ✔ 掌握 Flash 游戏的制作方法和技巧

17.1 节目包装及游戏设计概述

节目包装可以起到如下的作用：突出节目的个性特征和特点；确立并增强观众对节目的识别能力；确立节目的品牌地位；使包装的形式和节目有机地融合在一起；好的节目包装能赏心悦目，本身就是精美的艺术品。

而 Flash 游戏以游戏简单、操作方便、绿色、无需安装、文件体积小等优点渐渐被广大网友喜爱。因为 Flash 游戏主要是一些趣味化的、小型的游戏，因而可以发挥它基于矢量图的优势。典型的 Flash 游戏如图 17-1 所示。

图 17-1

17.2 制作体育节目包装

17.2.1 案例分析

《运动无极限》是一档大型竞技类体育电视节目，为了营造真实的体育氛围，节目采用与专业体育赛事相同的直播形式。现要为此栏目制作片头，要求能够展现该节目的最新消息，宣传体育的魅力并在节目包装中要体现运动的拼搏精神。

在设计制作过程中，背景的处理采用灰色水墨的形式。画面富有极强抽象性和形式感，体现出了体育运动所带来的鲜活性和无限的可能性，并且画面具中国传统风格。标题和图片居中显示使观看时更加醒目直观。

本例将使用"文本"工具，添加主体文字；使用"创建传统补间"命令，生成传统补间动画；使用"动作"面板，添加脚本语言。

17.2.2 案例设计

本案例的部分效果如图 17-2 所示。

图 17-2

17.2.3　案例制作

1. 导入素材制作图形元件

（1）选择"文件 > 新建"命令，弹出"新建文档"对话框，在"常规"选项卡中选择"ActionScript 3.0"选项，将"宽度"选项设为 700，"高度"选项设为 500，"背景颜色"选项设为黑色，单击"确定"按钮，完成文档的创建。

（2）选择"文件 > 导入 > 导入到库"命令，在弹出的"导入到库"对话框中，选择云盘中的"Ch17 > 素材 > 制作体育节目包装 > 01～13"文件，单击"打开"按钮，文件被导入到"库面板"中，如图 17-3 所示。

扫码观看
本案例视频

（3）在"库"面板中新建一个图形元件"人物 1"，舞台窗口也随之转换为图形元件的舞台窗口。将"库"面板中的位图"02"拖曳到舞台窗口中，如图 17-4 所示。用相同的方法将"库"面板中的位图"03""04""06""07""09""10""11"和"13"文件，分别制作成图形元件"墨点 1""光点""人物 2""墨点 2""保龄球""人物 3""墨点 3"和"人物 4"，如图 17-5 所示。

图 17-3

图 17-4

图 17-5

（4）按 Ctrl+J 组合键，弹出"文档设置"对话框，将"背景颜色"选项设为白色，单击"确定"按钮，完成文档属性的修改。在"库"面板中新建一个图形元件"文字 1"，舞台窗口也随之转换为图形元件的舞台窗口。

（5）选择"文本"工具 $\boxed{T}$，在文本工具"属性"面板中进行设置，在舞台窗口中适当的位置输入大小为 42、字体为"方正字迹—吕建德行楷简体"的黑色文字，文字效果如图 17-6 所示。再次在舞台窗口中输入大小为 30、字体为"HAMMER"的黑色英文，文字效果如图 17-7 所示。

（6）用相同的方法分别制作图形元件"文字 2""文字 3""文字 4"，如图 17-8、图 17-9 和图 17-10 所示。

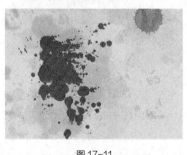

| 图 17-6 | 图 17-7 | 图 17-8 | 图 17-9 | 图 17-10 |

2. 制作画面 1 动画

（1）单击舞台窗口左上方的"场景 1"图标 ⬛ 场景 1，进入"场景 1"的舞台窗口。将"图层 1"重命名为"底图"。将"库"面板中的位图"01"拖曳到舞台窗口中，如图 17-11 所示。选中"底图"图层的第 220 帧，按 F5 键，插入普通帧。

扫码观看
本案例视频

（2）在"时间轴"面板中创建新图层并将其命名为"人物 1"。将"库"面板中的图形元件"人物 1"拖曳到舞台窗口中，并放置在适当的位置，如图 17-12 所示。选中"人物 1"图层的第 15 帧，按 F6 键，插入关键帧。选中"人物 1"图层的第 1 帧，在舞台窗口中将"人物 1"实例水平向左拖曳到适当的位置，如图 17-13 所示。

（3）用鼠标右键单击"人物 1"图层的第 1 帧，在弹出的快捷菜单中选择"创建传统补间"命令，生成传统补间动画。

| 图 17-11 | 图 17-12 | 图 17-13 |

（4）在"时间轴"面板中创建新图层并将其命名为"墨点 1"。选中"墨点 1"图层的第 10 帧，按 F6 键，插入关键帧。将"库"面板中的图形元件"墨点 1"拖曳到舞台窗口中，并放置在适当的位置，如图 17-14 所示。

（5）选中"墨点 1"图层的第 25 帧，按 F6 键，插入关键帧。选中"墨点 1"图层的第 10 帧，在舞台窗口中选中"墨点 1"实例，在图形"属性"面板中选择"色彩效果"选项组，在"样式"选项的下拉列表中选择"Alpha"，将其值设为 0%，如图 17-15 所示。

（6）用鼠标右键单击"墨点 1"图层的第 10 帧，在弹出的快捷菜单中选择"创建传统补间"命令，生成传统补间动画，如图 17-16 所示。

图 17-14

图 17-15

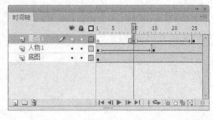
图 17-16

（7）在"时间轴"面板中创建新图层并将其命名为"光点"。选中"光点"图层的第 20 帧，按 F6 键，插入关键帧。将"库"面板中的图形元件"光点"拖曳到舞台窗口中，并放置在适当的位置，如图 17-17 所示。

（8）选中"光点"图层的第 35 帧，按 F6 键，插入关键帧。选中"光点"图层的第 20 帧，在舞台窗口中选中"光点"实例，在图形"属性"面板中选择"色彩效果"选项组，在"样式"选项的下拉列表中选择"Alpha"，将其值设为 0%，如图 17-18 所示。

（9）用鼠标右键单击"光点"图层的第 20 帧，在弹出的快捷菜单中选择"创建传统补间"命令，生成传统补间动画，如图 17-19 所示。

图 17-17

图 17-18

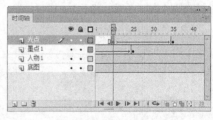
图 17-19

（10）在"时间轴"面板中创建新图层并将其命名为"文字"。选中"文字"图层的第 35 帧，按 F6 键，插入关键帧。将"库"面板中的图形元件"文字 1"拖曳到舞台窗口中，并放置在适当的位置，如图 17-20 所示。

（11）选中"文字"图层的第 50 帧，按 F6 键，插入关键帧。选中"文字"图层的第 35 帧，在舞台窗口中将"文字 1"实例水平向右拖曳到适当的位置，如图 17-21 所示。

（12）用鼠标右键单击"文字"图层的第 35 帧，在弹出的快捷菜单中选择"创建传统补间"命令，生成传统补间动画，如图 17-22 所示。

图 17-20

图 17-21

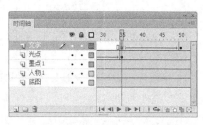

图 17-22

3．制作画面 2 动画

（1）在"时间轴"面板中创建新图层并将其命名为"背景 2"。选中"背景 2"图层的第 70 帧，按 F6 键，插入关键帧。将"库"面板中的位图"05"拖曳到舞台窗口中，如图 17-23 所示。

（2）在"时间轴"面板中创建新图层并将其命名为"人物 2"。选中"人物 2"图层的第 70 帧，按 F6 键，插入关键帧。将"库"面板中的图形元件"人物 2"拖曳到舞台窗口中，并放置在适当的位置，如图 17-24 所示。

扫码观看
本案例视频

图 17-23

图 17-24

（3）选中"人物 2"图层的第 85 帧，按 F6 键，插入关键帧。选中"人物 2"图层的第 70 帧，在舞台窗口中将"人物 2"实例水平向右拖曳到适当的位置，如图 17-25 所示。用鼠标右键单击"人物 2"图层的第 70 帧，在弹出的快捷菜单中选择"创建传统补间"命令，生成传统补间动画，如图 17-26 所示。

图 17-25

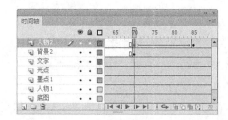

图 17-26

（4）在"时间轴"面板中创建新图层并将其命名为"墨点 2"。选中"墨点 2"图层的第 80 帧，按 F6 键，插入关键帧。将"库"面板中的图形元件"墨点 2"拖曳到舞台窗口中，并放置在适当的位置，如图 17-27 所示。

（5）选中"墨点 2"图层的第 90 帧，按 F6 键，插入关键帧。选中"墨点 2"图层的第 80 帧，在舞台窗口中选中"墨点 2"实例，在图形"属性"面板中选择"色彩效果"选项组，在"样式"选项的下拉列表中选择"Alpha"，将其值设为 0%，如图 17-28 所示。

（6）用鼠标右键单击"墨点 2"图层的第 80 帧，在弹出的快捷菜单中选择"创建传统补间"命令，生成传统补间动画。

图 17-27

图 17-28

（7）在"时间轴"面板中创建新图层并将其命名为"文字 2"。选中"文字 2"图层的第 90 帧，按 F6 键，插入关键帧。将"库"面板中的图形元件"文字 2"拖曳到舞台窗口中，并放置在适当的位置，如图 17-29 所示。

（8）选中"文字 2"图层的第 110 帧，按 F6 键，插入关键帧。选中"文字 2"图层的第 90 帧，在舞台窗口中将"文字 2"实例水平向右拖曳到适当的位置，如图 17-30 所示。

（9）用鼠标右键单击"文字 2"图层的第 90 帧，在弹出的快捷菜单中选择"创建传统补间"命令，生成传统补间动画，如图 17-31 所示。

图 17-29

图 17-30

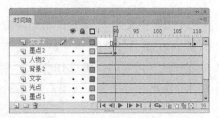

图 17-31

4. 制作画面 3 动画

（1）在"时间轴"面板中创建新图层并将其命名为"背景 3"。选中"背景 3"图层的第 130 帧，按 F6 键，插入关键帧。将"库"面板中的位图"08"拖曳到舞台窗口中，如图 17-32 所示。

（2）在"时间轴"面板中创建新图层并将其命名为"人物 3"。选中"人物 3"图层的第 130 帧，按 F6 键，插入关键帧。将"库"面板中的图形元件"人物 3"拖曳到舞台窗口中，并放置在适当的位置，如图 17-33 所示。

（3）选中"人物 3"图层的第 140 帧，按 F6 键，插入关键帧。选中"人物

扫码观看
本案例视频

3"图层的第 130 帧，在舞台窗口中将"人物 3"实例水平向左拖曳到适当的位置，如图 17-34 所示。用鼠标右键单击"人物 3"图层的第 130 帧，在弹出的快捷菜单中选择"创建传统补间"命令，生成传统补间动画。

图 17-32

图 17-33

图 17-34

（4）在"时间轴"面板中创建新图层并将其命名为"墨点 3"。选中"墨点 3"图层的第 140 帧，按 F6 键，插入关键帧。将"库"面板中的图形元件"墨点 3"拖曳到舞台窗口中，并放置在适当的位置，如图 17-35 所示。

（5）选中"墨点 3"图层的第 150 帧，按 F6 键，插入关键帧。选中"墨点 3"图层的第 1400 帧，在舞台窗口中选中"墨点 3"实例，在图形"属性"面板中选择"色彩效果"选项组，在"样式"选项的下拉列表中选择"Alpha"，将其值设为 0%，如图 17-36 所示。

（6）用鼠标右键单击"墨点 3"图层的第 140 帧，在弹出的快捷菜单中选择"创建传统补间"命令，生成传统补间动画。

（7）在"时间轴"面板中创建新图层并将其命名为"保龄球"。选中"保龄球"图层的第 140 帧，按 F6 键，插入关键帧。将"库"面板中的图形元件"保龄球"拖曳到舞台窗口中，如图 17-37 所示。

图 17-35

图 17-36

图 17-37

（8）选中"保龄球"图层的第 150 帧，按 F6 键，插入关键帧。在舞台窗口中将"保龄球"实例水平向右拖曳到适当的位置，如图 17-38 所示。用鼠标右键单击"保龄球"图层的第 140 帧，在弹出的快捷菜单中选择"创建传统补间"命令，生成传统补间动画，如图 17-39 所示。

（9）在"时间轴"面板中创建新图层并将其命名为"文字 3"。选中"文字 3"图层的第 150 帧，按 F6 键，插入关键帧。将"库"面板中的图形元件"文字 3"拖曳到舞台窗口中，并放置在适当的位置，如图 17-40 所示。

图 17-38

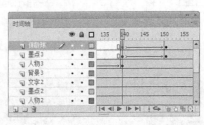
图 17-39

图 17-40

（10）选中"文字 3"图层的第 165 帧，按 F6 键，插入关键帧。选中"文字 3"图层的第 150 帧，在舞台窗口中将"文字 3"实例垂直向上拖曳到适当的位置，如图 17-41 所示。用鼠标右键单击"文字 3"图层的第 150 帧，在弹出的快捷菜单中选择"创建传统补间"命令，生成传统补间动画，如图 17-42 所示。

图 17-41

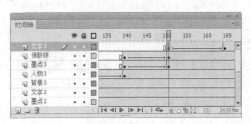
图 17-42

5. 制作画面 4 动画

（1）在"时间轴"面板中创建新图层并将其命名为"背景 4"。选中"背景 4"图层的第 185 帧，按 F6 键，插入关键帧。将"库"面板中的位图"12"拖曳到舞台窗口中，如图 17-43 所示。

（2）在"时间轴"面板中创建新图层并将其命名为"人物 4"。选中"人物 4"图层的第 185 帧，按 F6 键，插入关键帧。将"库"面板中的图形元件"人物 4"拖曳到舞台窗口中，并放置在适当的位置，如图 17-44 所示。

扫码观看
本案例视频

图 17-43

图 17-44

（3）选中"人物 4"图层的第 200 帧，按 F6 键，插入关键帧。选中"人物 4"图层的第 185 帧，在舞台窗口中将"人物 4"实例垂直向下拖曳到适当的位置，如图 17-45 所示。在图形"属性"面板中选择"色彩效果"选项组，在"样式"选项的下拉列表中选择"Alpha"，将其值设为 0%，如图 17-46 所示，效果如图 17-47 所示。

（4）用鼠标右键单击"人物4"图层的第185帧，在弹出的快捷菜单中选择"创建传统补间"命令，生成传统补间动画。

图 17-45

图 17-46

图 17-47

（5）在"时间轴"面板中创建新图层并将其命名为"文字4"。选中"文字4"图层的第185帧，按 F6 键，插入关键帧。将"库"面板中的图形元件"文字4"拖曳到舞台窗口中，并放置在适当的位置，如图 17-48 所示。

（6）选中"文字4"图层的第200帧，按 F6 键，插入关键帧。选中"文字4"图层的第185帧，在舞台窗口中将"文字4"实例垂直向上拖曳到适当的位置，如图 17-49 所示。在图形"属性"面板中选择"色彩效果"选项组，在"样式"选项的下拉列表中选择"Alpha"，将其值设为0%，效果如图 17-50 所示。

图 17-48

图 17-49

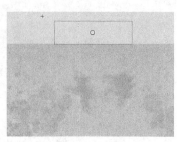

图 17-50

（7）用鼠标右键单击"文字4"图层的第185帧，在弹出的快捷菜单中选择"创建传统补间"命令，生成传统补间动画，如图 17-51 所示。

（8）在"时间轴"面板中创建新图层并将其命名为"动作脚本"。选中"动作脚本"图层的第220帧，按 F6 键，插入关键帧。按 F9 键，弹出"动作"面板，在"动作"面板中设置脚本语言，"脚本窗口"中显示的效果如图 17-52 所示。体育节目包装制作完成，按 Ctrl+Enter 组合键即可查看效果，如图 17-53 所示。

图 17-51

图 17-52

图 17-53

17.3 制作卡通歌曲

17.3.1 案例分析

卡通歌曲是现在网络中比较流行的音乐。本例是为儿童网站设计的 MTV，要求根据歌曲的内容，设计制作生动有趣的 MTV 节目，能抓住儿童的心理和喜好，吸引儿童浏览和欣赏。

在设计制作过程中，蓝天、白云和树木的卡通背景给人空间感，营造出舒适、休闲的氛围，可爱的卡通太阳让人一目了然，印象深刻，能瞬间抓住儿童的视线，具有动态感的画面，能拉近与儿童的距离，生动且童趣十足，卡通文字动画，营造出欢快愉悦的氛围。

本例将使用"导入"命令，导入素材并制作图形元件；使用"文本"工具，输入文字；使用"创建传统补间"命令，制作补间动画效果；使用"影片剪辑"元件，制作云动画效果。

17.3.2 案例设计

本案例的效果如图 17-54 所示。

扫码观看
本案例视频

图 17-54

17.3.3 案例制作

1. 导入素材制作图形元件

（1）选择"文件 > 新建"命令，弹出"新建文档"对话框，在"常规"选项卡中选择"ActionScript 3.0"选项，将"宽"选项设为 800，"高"选项设为 534，"帧频"选项设为 12，"背景颜色"选项设为浅橘色（#FF9900），单击"确定"按钮，完成文档的创建。

（2）选择"文件 > 导入 > 导入到库"命令，在弹出的"导入到库"对话框中，选择云盘中的"Ch17 > 素材 > 制作卡通歌曲 > 01～06"文件，单击"打开"按钮，文件被导入到"库"面板中，如图 17-55 所示。

（3）按 Ctrl+F8 组合键，弹出"创建新元件"对话框，在"名称"选项的文本框中输入"文字"，在"类型"选项下拉列表中选择"图形"选项，单击"确定"按钮，新建图形元件"文字"，如图 17-56 所示。舞台窗口也随之转换为图形元件的舞台窗口。

（4）选择"文本"工具 $\boxed{T}$，在文本工具"属性"面板中进行设置，在舞台窗口中适当的位置输入大小为 77，字体为"GOOD MORNING"的浅黄色（#FEF6E1）英文，文字效果如图 17-57 所示。

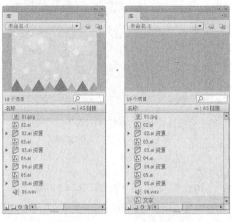

图 17-55   图 17-56   图 17-57

（5）在"库"面板中新建一个图形元件"歌词"，如图 17-58 所示。舞台窗口也随之转换为图形元件的舞台窗口。在文本工具"属性"面板中进行设置，在舞台窗口中适当的位置输入大小为 30，字体为"Good morning to you"的白色英文，文字效果如图 17-59 所示。

图 17-58   图 17-59

（6）在"库"面板中新建一个图形元件"矩形块"，如图 17-60 所示，舞台窗口也随之转换为图形元件的舞台窗口。选择"矩形"工具 ，在工具箱中将"笔触颜色"设为无，"填充颜色"设为绿色（#009DB3），单击工具箱下方的"对象绘制"按钮 ，在舞台窗口中绘制 1 个矩形。

（7）选择"选择"工具 ，在舞台窗口中选中绘制的矩形，在绘制对象"属性"面板中，将"宽"选项设为 405，"高"选项设为 534，"X"选项和"Y"选项均设为 0，如图 17-61 所示，效果如图 17-62 所示。

图 17-60

图 17-61

图 17-62

2. 制作影片剪辑动画

（1）在"库"面板中新建一个影片剪辑元件"太阳动"，舞台窗口也随之转换为影片剪辑元件的舞台窗口。将"库"面板中的图形元件"05"拖曳到舞台窗口中，如图 17-63 所示。分别选中"图层 1"的第 15 帧、第 30 帧、第 45 帧，按 F6 键，插入关键帧，如图 17-64 所示。

图 17-63

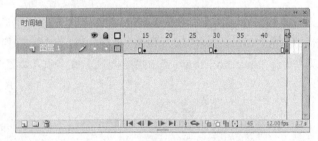

图 17-64

（2）选中"图层 1"的第 15 帧，按 Ctrl+T 组合键，弹出"变形"面板，将"旋转"选项设为 15，如图 17-65 所示，效果如图 17-66 所示。

图 17-65

图 17-66

（3）选中"图层 1"的第 45 帧，按 Ctrl+T 组合键，弹出"变形"面板，将"旋转"选项设为 −15，如图 17-67 所示，效果如图 17-68 所示。

（4）分别用鼠标右键单击"图层 1"的第 1 帧、第 15 帧、第 30 帧，在弹出的快捷菜单中选择"创建传统补间"命令，生成传统补间动画。

图 17-67

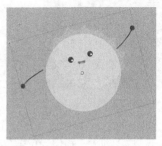

图 17-68

（5）在"库"面板中新建一个影片剪辑元件"云动 1"，舞台窗口也随之转换为影片剪辑元件的舞台窗口。将"库"面板中的图形元件"02"拖曳到舞台窗口中，如图 17-69 所示。

（6）分别选中"图层 1"的第 15 帧、第 30 帧，按 F6 键，插入关键帧。选中"图层 1"的第 15 帧，在"变形"面板中，将"缩放宽度"选项和"缩放高度"选项均设为 80%，如图 17-70 所示，效果如图 17-71 所示。

图 17-69

图 17-70

图 17-71

（7）分别用鼠标右键单击"图层 1"的第 1 帧、第 15 帧，在弹出的快捷菜单中选择"创建传统补间"命令，生成传统补间动画。

（8）在"库"面板中新建一个影片剪辑元件"云动 2"，舞台窗口也随之转换为影片剪辑元件的舞台窗口。将"库"面板中的图形元件"03"拖曳到舞台窗口中，如图 17-72 所示。

（9）分别选中"图层 1"的第 15 帧、第 30 帧，按 F6 键，插入关键帧。选中"图层 1"的第 15 帧，在"变形"面板中，将"缩放宽度"选项和"缩放高度"选项均设为 85%，如图 17-73 所示，效果如图 17-74 所示。

（10）分别用鼠标右键单击"图层 1"的第 1 帧、第 15 帧，在弹出的快捷菜单中选择"创建传统补间"命令，生成传统补间动画。

图 17-72	图 17-73	图 17-74

（11）在"库"面板中新建一个影片剪辑元件"云动 3"，舞台窗口也随之转换为影片剪辑元件的舞台窗口。将"库"面板中的图形元件"04"拖曳到舞台窗口中，如图 17-75 所示。

（12）分别选中"图层 1"的第 15 帧、第 30 帧，按 F6 键，插入关键帧。选中"图层 1"的第 15 帧，在"变形"面板中，将"缩放宽度"选项和"缩放高度"选项均设为 80%，如图 17-76 所示，效果如图 17-77 所示。

（13）分别用鼠标右键单击"图层 1"的第 1 帧、第 15 帧，在弹出的快捷菜单中选择"创建传统补间"命令，生成传统补间动画。

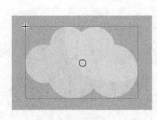

图 17-75	图 17-76	图 17-77

3. 制作场景动画

（1）单击舞台窗口左上方的"场景 1"图标，进入"场景 1"的舞台窗口。将"图层 1"重命名为"底图"。将"库"面板中的位图"01"文件拖曳到舞台窗口中，如图 17-78 所示。选中"底图"图层的第 225 帧，按 F5 键，插入普通帧。

（2）在"时间轴"面板中创建新图层并将其命名为"云动 2"。将"库"面板中的影片剪辑元件"云动 2"拖曳到舞台窗口中，如图 17-79 所示。

（3）在"时间轴"面板中创建新图层并将其命名为"太阳动"。将"库"面板中的影片剪辑元件"太阳动"拖曳到舞台窗口中，如图 17-80 所示。在"时间轴"面板中创建新图层并将其命名为"云动 1"。将"库"面板中的影片剪辑元件"云动 1"拖曳到舞台窗口中，如图 17-81 所示。

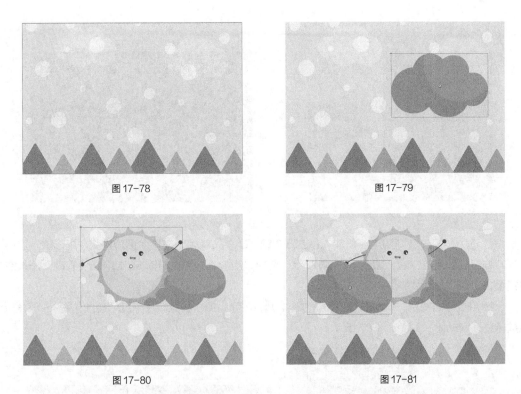

图 17-78　　　　　　　　　　　　　　　　　图 17-79

图 17-80　　　　　　　　　　　　　　　　　图 17-81

（4）在"时间轴"面板中创建新图层并将其命名为"云动 3"。将"库"面板中的影片剪辑元件"云动 3"拖曳到舞台窗口中，如图 17-82 所示。在"时间轴"面板中创建新图层并将其命名为"矩形 1"。将"库"面板中的图形元件"矩形块"拖曳到舞台窗口中。并在图形"属性"面板中，将"X"选项和"Y"选项均设为 0，效果如图 17-83 所示。

图 17-82　　　　　　　　　　　　　　　　　图 17-83

（5）选中"矩形 1"图层的第 30 帧，按 F6 键，插入关键帧。在舞台窗口中将"矩形块"实例水平向左拖曳到适当的位置，如图 17-84 所示。选中"矩形 1"图层的第 58 帧，按 F7 键，插入空白关键帧。

（6）用鼠标右键单击"矩形 1"图层的第 1 帧，在弹出的快捷菜单中选择"创建传统补间"命令，生成传统补间动画。

（7）在"时间轴"面板中创建新图层并将其命名为"矩形 2"。将"库"面板中的图形元件"矩形块"拖曳到舞台窗口中。并在图形"属性"面板中，将"X"选项设为 401，"Y"选项设为 0，效果如图 17-85 所示。

图 17-84　　　　　　　　　　　　　　　　　　图 17-85

（8）选中"矩形 2"图层的第 30 帧，按 F6 键，插入关键帧。在舞台窗口中将"矩形块"实例水平向右拖曳到适当的位置，如图 17-86 所示。选中"矩形 2"图层的第 58 帧，按 F7 键，插入空白关键帧。

（9）用鼠标右键单击"矩形 2"图层的第 1 帧，在弹出的快捷菜单中选择"创建传统补间"命令，生成传统补间动画，如图 17-87 所示。

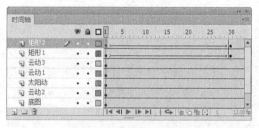

图 17-86　　　　　　　　　　　　　　　　　　图 17-87

（10）在"时间轴"面板中创建新图层并将其命名为"英文"。将"库"面板中的图形元件"文字"拖曳到舞台窗口中，如图 17-88 所示。选中"英文"图层的第 30 帧，按 F6 键，插入关键帧。

（11）在舞台窗口中选中"文字"实例，在图形"属性"面板中选择"色彩效果"选项组，在"样式"选项的下拉列表中选择"Alpha"，将其值设为 0%，效果如图 17-89 所示。用鼠标右键单击"英文"图层的第 1 帧，在弹出的快捷菜单中选择"创建传统补间"命令，生成传统补间动画。

图 17-88　　　　　　　　　　　　　　　　　　图 17-89

（12）在"时间轴"面板中创建新图层并将其命名为"歌词"。选中"歌词"图层的第 62 帧，按 F6 键，插入关键帧。将"库"面板中的图形元件"歌词"拖曳到舞台窗口中，并放置在适当的位置，如图 17-90 所示。

（13）分别选中"歌词"图层的第 102 帧、第 140 帧、第 181 帧，按 F6 键，插入关键帧。选中第 94 帧、第 130 帧、第 173 帧，按 F7 键，插入空白关键帧。在"时间轴"面板中创建新图层并将其命名为"音乐"，如图 17-91 所示。

图 17-90

图 17-91

（14）将"库"面板中的声音文件"06"拖曳到舞台窗口中，"时间轴"面板如图 17-92 所示。选中"音乐"图层的第 1 帧，在帧"属性"面板中进行图 17-93 所示的设置。卡通歌曲动画制作完成，按 Ctrl+Enter 组合键即可查看效果。

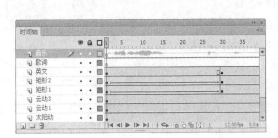

图 17-92

图 17-93

17.4 制作水晶球组合游戏

17.4.1 案例分析

水晶球组合游戏的设计构想是把它设计成一个生动有趣，非常有创意的游戏。界面设计要温馨，在游戏玩法的设计上要精巧。

在设计过程中，界面以灰色为主色调，表现出雅致和温馨。游戏图标以手绘插画的形式在画面中排列展示，使玩家感到轻松活泼。根据构思，将整个游戏画面设计成富有童心的游戏画面，通过这种形式吸引游戏玩家。

本例将使用"动作"面板，为元件添加脚本语言；使用"椭圆"工具，绘制装饰图形；使用"文本"工具，添加提示信息。

17.4.2　案例设计

本案例的效果如图 17-94 所示。

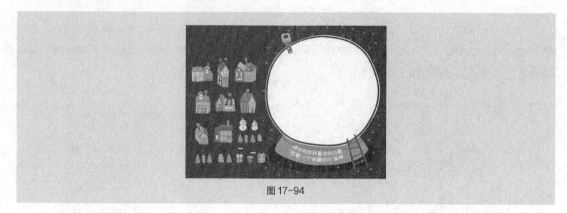

图 17-94

17.4.3　案例制作

1. 导入素材制作按钮

（1）选择"文件 > 新建"命令，弹出"新建文档"对话框，在"常规"选项卡中选择"ActionScript 2.0"选项，将"宽度"选项设为 600，"高度"选项设为 450，单击"确定"按钮，完成页面的创建。

（2）选择"文件 > 导入 > 导入到库"命令，在弹出的"导入到库"对话框中，选择云盘中的"Ch17 > 素材 > 制作水晶球组合游戏 > 01～17"文件，单击"打开"按钮，文件被导入到"库"面板中，如图 17-95 所示。

扫码观看
本案例视频

（3）在"库"面板中新建一个按钮元件"树 01"，如图 17-96 所示。舞台窗口也随之转换为按钮元件的舞台窗口。将"库"面板中的位图"02"拖曳到舞台窗口中，如图 17-97 所示。用相同的方法分别将"库"面板中的位图"03""04""05""06""07""08""09""10""11""12""13""14""15""16""17"文件，分别制作成按钮元件"房子 02""房子 03""房子 04""房子 05""房子 06""房子 01""房子 07""房子 08""雪人 01""雪人 02""礼物 02""礼物 03""礼物 01""树 02"和"树 03"，如图 17-98 所示。

图 17-95

图 17-96

图 17-97

图 17-98

2. 制作影片剪辑

（1）在"库"面板中新建一个影片剪辑元件"房子 1"，如图 17-99 所示。舞台窗口也随之转换为影片剪辑元件的舞台窗口。将"库"面板中的按钮元件"房子 01"拖曳到舞台窗口中，如图 17-100 所示。

（2）选中"房子 1"实例，选择"窗口 > 动作"命令，弹出"动作"面板。在面板的左上方将脚本语言版本设置为"Action Script 1.0 & 2.0"，在面板中单击"将新项目添加到脚本中"按钮  ，在弹出的下拉菜单中选择"全局函数 > 影片剪辑控制 > on"命令，如图 17-101 所示。

图 17-99　　　图 17-100　　　　　　　　　　　图 17-101

（3）在"脚本窗口"中显示出选择的脚本语言，在下拉列表中选择"press"命令，脚本语言如图 17-102 所示。将鼠标指针放置在第 1 行脚本语言的最后，按 Enter 键，指针显示到第 2 行。单击"将新项目添加到脚本中"按钮  ，在弹出的下拉菜单中选择"全局函数 > 影片剪辑控制 > startDrag"命令，如图 17-103 所示。

图 17-102　　　　　　　　　　　图 17-103

（4）"脚本窗口"中显示出选择的脚本语言，在脚本语言"startDrag"后面的括号中输入"/a"，如图 17-104 所示。将鼠标指针置入到第 5 行，在面板中单击"将新项目添加到脚本中"按钮  ，在弹出的下拉菜单中选择"全局函数 > 影片剪辑控制 > on"命令，在"脚本窗口"中显示出选择的

脚本语言，在下拉列表中选择"release"命令，脚本语言如图 17-105 所示。

（5）单击"将新项目添加到脚本中"按钮，在弹出的下拉菜单中选择"全局函数 > 影片剪辑控制 > stopDrag"命令，脚本语言如图 17-106 所示。选中所有的脚本语言，用鼠标右键单击语言，在弹出的快捷菜单中选择"复制"命令，进行复制。

（6）在"库"面板中新建一个影片剪辑元件"房子 2"，舞台窗口也随之转换为影片剪辑的舞台窗口。将"库"面板中的按钮元件"房子 02"拖曳到舞台窗口中。选中"房子 02"实例，用鼠标右键在"动作"面板的"脚本窗口"中单击，在弹出的快捷菜单中选择"粘贴"命令，粘贴脚本语言，将第 2 行中的字母"a"改为字母"b"，如图 17-107 所示。

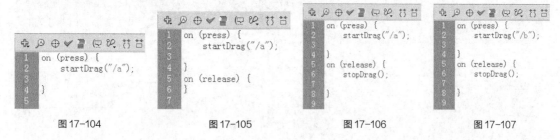

图 17-104　　　　　　图 17-105　　　　　　图 17-106　　　　　　图 17-107

（7）在"库"面板中新建一个影片剪辑元件"房子 3"，舞台窗口也随之转换为影片剪辑的舞台窗口。将"库"面板中的按钮元件"房子 03"拖曳到舞台窗口中。选中"房子 03"实例，用鼠标右键在"动作"面板的"脚本窗口"中单击，在弹出的快捷菜单中选择"粘贴"命令，粘贴脚本语言，将第 2 行中的字母"a"改为字母"c"，如图 17-108 所示。

（8）用相同的方法，在"库"面板中新建一个影片剪辑元件"房子 4"，舞台窗口也随之转换为影片剪辑的舞台窗口。将"库"面板中的按钮元件"房子 04"拖曳到舞台窗口中。选中"房子 04"实例，用鼠标右键在"动作"面板的"脚本窗口"中单击，在弹出的快捷菜单中选择"粘贴"命令，粘贴脚本语言，将第 2 行中的字母"a"改为字母"d"，如图 17-109 所示。

（9）在"库"面板中新建一个影片剪辑元件"房子 5"，舞台窗口也随之转换为影片剪辑的舞台窗口。将"库"面板中的按钮元件"房子 05"拖曳到舞台窗口中。选中"房子 05"实例，用鼠标右键在"动作"面板的"脚本窗口"中单击，在弹出的快捷菜单中选择"粘贴"命令，粘贴脚本语言，将第 2 行中的字母"a"改为字母"e"，如图 17-110 所示。

（10）在"库"面板中新建一个影片剪辑元件"房子 6"，舞台窗口也随之转换为影片剪辑的舞台窗口。将"库"面板中的按钮元件"房子 06"拖曳到舞台窗口中。选中"房子 06"实例，用鼠标右键在"动作"面板的"脚本窗口"中单击，在弹出的快捷菜单中选择"粘贴"命令，粘贴脚本语言，将第 2 行中的字母"a"改为字母"f"，如图 17-111 所示。

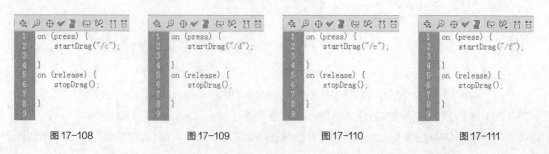

图 17-108　　　　　　图 17-109　　　　　　图 17-110　　　　　　图 17-111

（11）在"库"面板中新建一个影片剪辑元件"房子 7"，舞台窗口也随之转换为影片剪辑的舞台窗口。将"库"面板中的按钮元件"房子 07"拖曳到舞台窗口中。选中"房子 07"实例，用鼠标右键在"动作"面板的"脚本窗口"中单击，在弹出的快捷菜单中选择"粘贴"命令，粘贴脚本语言，将第 2 行中的字母"a"改为字母"g"，如图 17-112 所示。

（12）在"库"面板中新建一个影片剪辑元件"房子 8"，舞台窗口也随之转换为影片剪辑的舞台窗口。将"库"面板中的按钮元件"房子 08"拖曳到舞台窗口中。选中"房子 08"实例，用鼠标右键在"动作"面板的"脚本窗口"中单击，在弹出的快捷菜单中选择"粘贴"命令，粘贴脚本语言，将第 2 行中的字母"a"改为字母"h"，如图 17-113 所示。

（13）在"库"面板中新建一个影片剪辑元件"雪人 1"，舞台窗口也随之转换为影片剪辑的舞台窗口。将"库"面板中的按钮元件"雪人 01"拖曳到舞台窗口中。选中"雪人 01"实例，用鼠标右键在"动作"面板的"脚本窗口"中单击，在弹出的快捷菜单中选择"粘贴"命令，粘贴脚本语言，将第 2 行中的字母"a"改为字母"i"，如图 17-114 所示。

（14）在"库"面板中新建一个影片剪辑元件"雪人 2"，舞台窗口也随之转换为影片剪辑的舞台窗口。将"库"面板中的按钮元件"雪人 02"拖曳到舞台窗口中。选中"雪人 02"实例，用鼠标右键在"动作"面板的"脚本窗口"中单击，在弹出的快捷菜单中选择"粘贴"命令，粘贴脚本语言，将第 2 行中的字母"a"改为字母"j"，如图 17-115 所示。

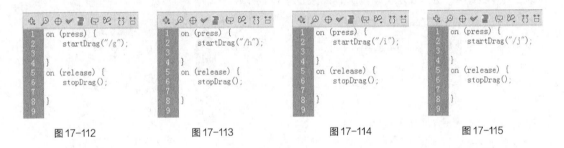

图 17-112　　　　　　图 17-113　　　　　　图 17-114　　　　　　图 17-115

（15）在"库"面板中新建一个影片剪辑元件"树 1"，舞台窗口也随之转换为影片剪辑的舞台窗口。将"库"面板中的按钮元件"树 01"拖曳到舞台窗口中。选中"树 01"实例，用鼠标右键在"动作"面板的"脚本窗口"中单击，在弹出的快捷菜单中选择"粘贴"命令，粘贴脚本语言，将第 2 行中的字母"a"改为字母"k"，如图 17-116 所示。

（16）在"库"面板中新建一个影片剪辑元件"树 2"，舞台窗口也随之转换为影片剪辑的舞台窗口。将"库"面板中的按钮元件"树 02"拖曳到舞台窗口中。选中"树 02"实例，用鼠标右键在"动作"面板的"脚本窗口"中单击，在弹出的快捷菜单中选择"粘贴"命令，粘贴脚本语言，将第 2 行中的字母"a"改为字母"l"，如图 17-117 所示。

（17）在"库"面板中新建一个影片剪辑元件"树 3"，舞台窗口也随之转换为影片剪辑的舞台窗口。将"库"面板中的按钮元件"树 03"拖曳到舞台窗口中。选中"树 03"实例，用鼠标右键在"动作"面板的"脚本窗口"中单击，在弹出的快捷菜单中选择"粘贴"命令，粘贴脚本语言，将第 2 行中的字母"a"改为字母"m"，如图 17-118 所示。

（18）在"库"面板中新建一个影片剪辑元件"礼物 1"，舞台窗口也随之转换为影片剪辑的舞台窗口。将"库"面板中的按钮元件"礼物 01"拖曳到舞台窗口中。选中"礼物 01"实例，用鼠标右键在"动作"面板的"脚本窗口"中单击，在弹出的快捷菜单中选择"粘贴"命令，粘贴脚本语言，将第2行中的字母"a"改为字母"n"，如图17-119所示。

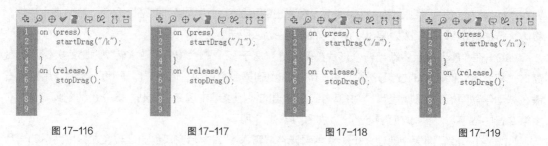

图17-116　　　　　　　图17-117　　　　　　　图17-118　　　　　　　图17-119

（19）在"库"面板中新建一个影片剪辑元件"礼物2"，舞台窗口也随之转换为影片剪辑的舞台窗口。将"库"面板中的按钮元件"礼物02"拖曳到舞台窗口中。选中"礼物02"实例，用鼠标右键在"动作"面板的"脚本窗口"中单击，在弹出的快捷菜单中选择"粘贴"命令，粘贴脚本语言，将第2行中的字母"a"改为字母"o"，如图17-120所示。

（20）在"库"面板中新建一个影片剪辑元件"礼物3"，舞台窗口也随之转换为影片剪辑的舞台窗口。将"库"面板中的按钮元件"礼物03"拖曳到舞台窗口中。选中"礼物01"实例，用鼠标右键在"动作"面板的"脚本窗口"中单击，在弹出的快捷菜单中选择"粘贴"命令，粘贴脚本语言，将第2行中的字母"a"改为字母"p"，如图17-121所示。

图17-120　　　　　　　　　　　　　　　　图17-121

3. 编辑影片剪辑

（1）单击舞台窗口左上方的"场景1"图标 ⬛ 场景1，进入"场景1"的舞台窗口。将"图层1"重命名为"底图"。将"库"面板中的位图"01"拖曳到舞台窗口中，如图17-122所示。

（2）在"时间轴"面板中创建新图层并将其命名为"阴影"。分别将"库"面板中的影片剪辑元件"房子1""房子2""房子3""房子4""房子5""房子6""房子7""房子8""雪人1""雪人2""礼物1""礼物2""礼物3""树1""树2"和"树3"拖曳到舞台窗口中，并放置在适当的位置，效果如图17-123所示。

扫码观看
本案例视频

（3）选中"阴影"图层，选择"选择"工具 ▶，将舞台窗口中的所有影片剪辑实例选中，如图17-124所示，按Ctrl+C组合键，将其复制，在图形"属性"面板中选择"色彩效果"选项组，在"样式"选项的下拉列表中选择"Alpha"，将其值设为30，效果如图17-125所示。

（4）在"时间轴"面板中创建新图层并将其命名为"图标"。按Ctrl+Shift+V组合键，将复制的实例原位粘贴到"图标"图层中，效果如图17-126所示。选中舞台窗口中的"房子1"实例，在影片剪辑"属性"面板"实例名称"选项的文本框中输入"a"，如图17-127所示。

图 17-122　　　　　　　　　图 17-123　　　　　　　　图 17-124　　　　　　　　图 17-125

（5）在舞台窗口中选中"房子 2"实例，在影片剪辑"属性"面板"实例名称"选项的文本框中输入"b"，如图 17-128 所示。

图 17-126　　　　　　　　　　图 17-127　　　　　　　　　　　　图 17-128

（6）选中"房子 3"实例，在影片剪辑"属性"面板"实例名称"选项的文本框中输入"c"，如图 17-129 所示。选中"房子 4"实例，在影片剪辑"属性"面板"实例名称"选项的文本框中输入"d"，如图 17-130 所示。选中"房子 5"实例，在影片剪辑"属性"面板"实例名称"选项的文本框中输入"e"，如图 17-131 所示。

图 17-129　　　　　　　　　　图 17-130　　　　　　　　　　图 17-131

（7）选中"房子 6"实例，在影片剪辑"属性"面板"实例名称"选项的文本框中输入"f"，如图 17-132 所示。选中"房子 7"实例，在影片剪辑"属性"面板"实例名称"选项的文本框中输入"g"，如图 17-133 所示。选中"房子 8"实例，在影片剪辑"属性"面板"实例名称"选项的文本框中输入"h"，如图 17-134 所示。

图 17-132

图 17-133

图 17-134

（8）选中"雪人1"实例，在影片剪辑"属性"面板"实例名称"选项的文本框中输入"i"，如图 17-135 所示。选中"雪人2"实例，在影片剪辑"属性"面板"实例名称"选项的文本框中输入"j"，如图 17-136 所示。选中"树1"实例，在影片剪辑"属性"面板"实例名称"选项的文本框中输入"k"，如图 17-137 所示。

图 17-135

图 17-136

图 17-137

（9）选中"树2"实例，在影片剪辑"属性"面板"实例名称"选项的文本框中输入"l"，如图 17-138 所示。选中"树3"实例，在影片剪辑"属性"面板"实例名称"选项的文本框中输入"m"，如图 17-139 所示。选中"礼物1"实例，在影片剪辑"属性"面板"实例名称"选项的文本框中输入"n"，如图 17-140 所示。

图 17-138

图 17-139

图 17-140

（10）选中"礼物2"实例，在影片剪辑"属性"面板"实例名称"选项的文本框中输入"o"，如图 17-141 所示。选中"礼物3"实例，在影片剪辑"属性"面板"实例名称"选项的文本框中输入"p"，如图 17-142 所示。水晶球游戏制作完成，按 Ctrl+Enter 组合键即可查看效果。

图 17-141

图 17-142

课堂练习——制作时装节目包装动画

练习知识要点

使用"矩形"工具和"椭圆"工具,绘制图形并制作动感的背景效果;使用"文本"工具,添加主题文字;使用"任意变形"工具,旋转文字的角度;使用"动作"面板,设置脚本语言。完成效果如图 17-143 所示。

图 17-143

效果所在位置

云盘/Ch17/效果/制作时装节目包装动画.fla。

课后习题——制作射击游戏

习题知识要点

使用"导入"命令,导入素材制作图形元件;使用"椭圆"工具、"线条"工具、"橡皮擦"工具和"刷子"工具,绘制瞄准镜;使用"文本"工具,输入文字;使用"动作"面板,添加脚本语言。完成效果如图 17-144 所示。

图 17-144

扫码观看
本案例视频

 效果所在位置

云盘/Ch17/效果/制作射击游戏.fla。